일상생활 속에 숨어 있는 수학

일상생활 속에 숨어 있는 수학

사쿠라이 스스무 지음 | 전선영 옮김

살림Math

　수학이라는 말을 들으면 금세 기가 죽는 사람과 오히려 신이 나는 사람이 있다. 고개를 절레절레 저으며 거부감을 드러내는 사람이 있는가 하면 마냥 좋아서 눈을 반짝이는 사람도 있다.

　도대체 이러한 차이는 왜 생기는 걸까?

　지금까지 학원과 대학에서 줄곧 수학을 가르쳐 온 경험으로 미루어 보건대, 이 차이는 수학이 우리 생활과 관계가 있다는 사실을 실감하느냐 못 하느냐 하는 문제와 관련이 깊다.

　달리 말하면 수학이 왜 좋은지, 왜 필요한지, 왜 수학을 알아야 하는지 그 이유를 아느냐 모르느냐 하는 데서 차이가 나타난다. 의외로 수학 성적과는 그다지 관계가 없다.

　그래서 수학 성적이 나빠도 수학에 흥미를 느끼고 좀 더 알려는 사람이 있는가 하면, 시험 점수가 아무리 잘 나와도 별로 흥미를 느끼지 못하는 사람도 있다.

　나는 수학에서 얻은 지식과 감동을 많은 이에게 전하고 싶다. 수학이 좋건 싫건, 시험 점수가 높건 낮건 우리는 수학 없이는 살아갈 수 없다는 사실을 잘 알기에, 더불어 수학이 우리 마음을 뒤흔드는 강력한 힘이 있음을 절실히 깨달았기에 더더욱 많은 사람에게 이 책을 권한다.

　이 책은 수학 문제를 푸는 연습용 교재가 아니다. 공식과 해법을 외

우게 할 목적으로 쓴 책도 아니며 시험공부를 위해 쓴 책도 아니다. 이 책은 수학이 어떻게 우리 생활과 관련되어 있는지를 알리기 위해 쓴 책이다.

독자들은 이 책을 읽고 난 후 교과서에서 본 공식들이 도대체 어디서, 무엇을 위해 만든 것인지 알 수 있을 것이다. 수학의 유래를 알고 수학의 힘을 이해한다면 지금까지 수학에 대한 생각이 많이 바뀔 것이라고 믿는다.

사쿠라이 스스무

1

지수와 로그,
생명을 구하다

삼각함수와 둥근 지구의 관계

엉뚱 여사 아휴, 골치야! 황당 박사, 저 좀 도와주세요.

황당 박사 아니, 무슨 일이세요. 그렇게 심각한 얼굴을 다 하시고.

엉뚱 여사 우리 애가 학교에서 지수니 로그니 하는 걸 배우고 있는데요, 그게 엄청 어려운가 봐요. 점수도 영 신통찮고, 이대로 가다간 못 따라갈 것 같아서 걱정이 이만저만이 아니에요.

황당 박사 아하, 지수와 로그를 말씀하시는 거군요. 그건 좀 어려울지도 모르겠네요.

엉뚱 여사 역시……. 박사님도 어렵다고 말씀하시는 걸 아이에게 시키다니, 학교도 너무하네요. 일부러 애들을 괴롭힐 속셈이라면 몰라도.

황당 박사 설마 그럴 리야 있겠습니까. 그런데 엉뚱 여사님, 엉뚱 여사님도 학창 시절에 지수와 로그 배우셨죠? 뭔지 기억나세요?

엉뚱 여사 글쎄요. 배운 지 너무 오래돼서…….

황당 박사 지수, 로그는 말하자면 삼각함수의 친척 같은 겁니다.

엉뚱 여사 아, 그만하세요, 박사님. 벌써부터 머리가 지끈지끈 쑤셔요.

황당 박사 자, 자, 그러지 마시고 좀 더 들어 보세요. 실은 삼각함수나 지수, 로그 모두 옛날부터 썼던 매우 중요한 도구랍니다.

엉뚱 여사 도구라고요?

황당 박사 그렇습니다. 별의 움직임을 계산하는 도구였지요.

엉뚱 여사 별의 움직임이야 보면 알 수 있는 거 아닌가요?

황당 박사 아니요. 그렇지 않습니다. 당시에는 별이 얼마나 움직였는지 정확하게 잴 필요가 있었어요. 지구가 둥글지 않습니까?

엉뚱 여사 그야 그렇지요.

황당 박사 옛날에는 배를 타고 이동할 때 목적지까지 얼마나 가야 하는지 미리 알아둘 필요가 있었지요. 식량과 물을 얼마큼 준비해야 하는지 모르면 큰일이 나니까요.

엉뚱 여사 아, 맞아요. 옛날 사람들은 별을 보고 항로를 정했었죠.

황당 박사 맞습니다!

엉뚱 여사 그런데 어째서 삼각함수가 도구라는 거죠?

황당 박사 지구가 둥그니까요.

엉뚱 여사 또 이해가 안 되는 말씀을 하시고…….

황당 박사 아, 기다려 보세요. 제 이야기를 들으면 삼각함수와 지수, 로그가 인류에 어떻게 이바지했는지 잘 알게 될 겁니다. 듣다 보면 틀림없이 친밀감도 생길 것이고요.

✤ 삼각함수는 천문학에서 시작되었다

별의 운행과 지구 위의 거리를 계산하는 도구라고 앞에서 설명한 삼각함수는 직각삼각형의 한 각에 대한 각 변의 비를 표시한 것으로 다음과 같이 sin(사인), cos(코사인), tan(탄젠트)라는 기호로 나타낸다.

❶ 사인(sin)

$$\sin \theta = \frac{a}{c}$$

$$a = c \sin \theta$$

❷ 코사인(cos)

$$\cos \theta = \frac{b}{c}$$

$$b = c \cos \theta$$

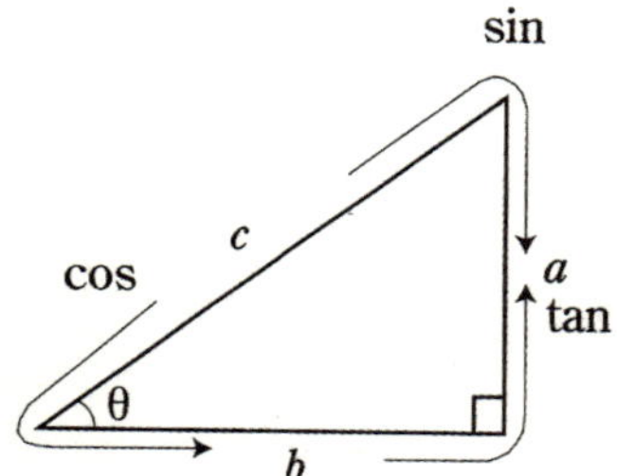

❸ 탄젠트(tan)

$$\tan \theta = \frac{a}{b}$$

$$a = b \tan \theta$$

각각의 머리글자 s, c, t의 필기체, 즉 s, c, t를 쓸 때 획을 긋는 방향에 맞춰 ‘분모→분자’ 순으로 쓴다고 외웠던 사람도 많을 것이다.

고등학교에서 배우는 삼각함수는 사실 고대 로마시대부터 있었던 학문이다. 그렇다면 옛날 사람들에게는 왜 삼각함수가 필요했을까?

그 이유는 별이 천상의 구면 위를 운행하고 지구가 구면이라는 사실에서 비롯되었다. 옛날 사람들에게는 천체를 관측해서 별의 운행 규칙을 찾아내고, 그 규칙과 지구라는 구면 위에 존재하는 것의 관계를 확실히 정의할 필요가 있었다.

계절에 따라 밤하늘에 보이는 별자리가 달라지는 문제는 지구 위의 위치와 관계가 있다. 그 관계를 시간의 흐름에 맞춰 정리한 것이 바로 달력이다.

달력을 만들려면 천체를 관측하고 정확하게 시간을 재어 그 결과를 수치로 표현해 만반의 준비를 갖춘 다음에 계산을 해야 한다.

구면 위의 거리와 각도의 관계를 계산하는 데 쓴 것이 뒤에 설명할 구면삼각법이라는 수식이다.

고대 사람들은 달력을 만들기 위해 태양의 움직임을 관측해서 1년의 길이를 정확하게 알고자 했다. 그리고 그 달력을 토대로 씨앗을 뿌리고 작물을 키웠다. 달력이 정확하지 않으면 농사를 지을 수 없기 때문에 당시로서는 달력을 만드는 것이 매우 중요했다.

고대 그리스시대에 이르러서는 태양뿐만 아니라 별의 밝기와 별자리도 관측할 수 있었다. 고대 마야 사람들은 1년의 길이를 365.2420일로 측정했다. 이 사실은 그들이 사용하던 달력이 발견되면서 밝혀졌는데, 이는 아주 놀랄 만큼 정밀한 수치다.[1]

이처럼 문명이 발달한 곳에는 천문학이 반드시 존재했다. 위정자가 나라를 다스리는 데도 달력이 필요했다. 농사에만 필요한 것이 아니었다. 예를 들어 이슬람에서는 축일을 정하는 데 사용했고 인도에서는 점성술에 천문학이 필요했다.

특히 인도에서는 하늘에서 벌어지는 갖가지 현상을 파악해 다음에 일어날 현상을 미리 헤아리고자 했다. 국가적인 중대사를 결정할 때도 점성술이 쓰였기 때문에, 정확하게 별을 관측하지 못하면 나라가 멸망할

---

1) 1년, 즉 지구가 태양을 한 바퀴 도는 데 걸리는 시간의 길이를 현대 천문학계에서는 365.2422일로 계산한다.

위험마저 있었다.

서기 499년에 인도의 천문학자이며 수학자인 아리아바타 1세 (Aryabhata I,476~550)가 편집한 『아리아바티야(Aryabhatiya)』에는 삼각함수의 사인과 코사인의 값을 구하는 상세한 계산법이 수록되어 있다. 이처럼 고대 사람들은 달력처럼 생활과 밀접한 곳에 삼각함수를 사용한 것으로 추정된다.

그렇다고 해서 그 이후에는 삼각함수가 쓸모없어졌다는 이야기는 아니다. 이에 대해 좀 더 살펴보자.

대항해시대

16세기 무렵, 유럽 각국은 새로운 식민지를 찾기 위해 빈번히 항해에 나섰다. 세계사에서 말하는 이른바 대항해시대가 열린 것이다. 콜럼버스가 아메리카 대륙을 발견한 것이 1492년이니 딱 그때를 전후한 시기의 이야기다.

유럽은 원래 자원이 풍부하지 않아 밖에서 자원을 구해야 했다. 그래서 유럽의 여러 나라는 최신 기술로 커다란 배를 만들어 새로운 항로를 개척해 패권을 다투었다. 항로를 개척할 때마다 국토가 늘어나고 교역에 따른 이득이 컸으므로 항해 바람이 분 것도 당연한 일이다.

그런데 이 항해의 성공을 좌우하는 것이 바로 삼각함수였다. 고대에는 천체 운행을 계산할 때 삼각함수를 썼지만, 대항해시대에는 지구 위의 거리를 재는 일에 활용했다. 지금이야 지구 위를 이동할 때의 시간과 거리를 간단히 계산할 수 있지만, 컴퓨터 같은 계산기가 없던 중세에는 그것이 하늘의 별 따기만큼이나 어려운 일이었다. 지구가 둥근 데다 커다랗기 때문이다.

작은 공은 줄과 자만 있으면 잴 수 있지만 지구는 줄로 묶을 수도 없다. 그래서 책상 앞에 앉아 계산할 수 있게끔 삼각함수, 정확하게 말하면 구면삼각법을 고안하여 계산 도구로 썼던 것이다.

구면 거리를 재어 볼까

예를 들어 도쿄 타워에서 에펠 탑까지의 거리를 측정하려면 지구라는 구면 위의 두 점을 잇는 곡선의 길이를 구해야 한다. 그 길이는 각각의 경도와 위도, 도쿄 타워와 에펠 탑이 각각 지구 중심과 이루는 각도를 알면 계산할 수 있다.

좀 더 구체적으로 생각해 보자.

지구 위의 도쿄 타워(A)와 에펠 탑(B)의 두 점을 잇는 호를 L이라고 하자. 그리고 지구 중심부에 존재하는 가공의 중심점과 두 점을 이으면 부채꼴 모양이 된다. A, B 각각의 위도(φ_A, φ_B)와 경도(λ_A, λ_B) 그리고 θ를 알면 L의 길이를 구할 수 있으므로 우선 θ를 구하는 계산을 한다(φ는 파이, λ는 람다, θ는 세타로 읽는다).

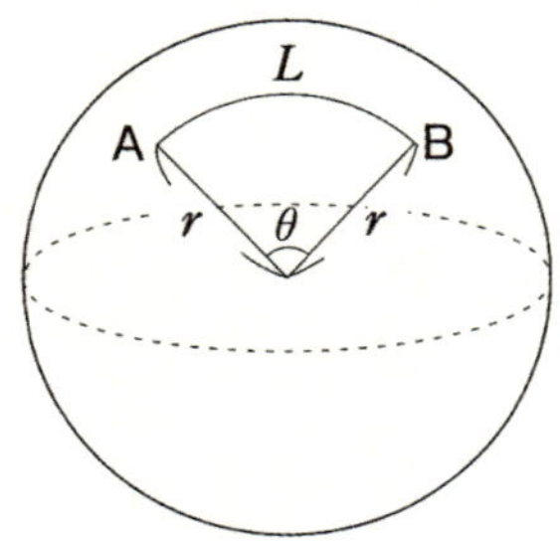

그러면 구면삼각법을 한번 살펴보자.

$$\cos \theta = \cos \varphi_A \cos \varphi_B \cos(\lambda_A - \lambda_B) + \sin \varphi_A \sin \varphi_B$$

이 공식을 사용하면 삼각함수표를 써서 θ를 구할 수 있다. 그런데 이 θ는 호도법으로 측정된 각도인데 호도법은 각도를 호의 길이로 나타내는 측정법이다. 반지름이 1인 원[2]의 원둘레(원주)의 길이는 2π이며 이에 따라 360도가 호도법에서는 2π[rad][3]가 된다.

이미 고대 그리스시대에 에라토스테네스(Eratosthenes, 기원전 273년

---

2) 반지름이 1인 원을 단위원이라고도 한다.

3) 호도법에 따른 각도의 단위 라디안(radian, 호도라고도 한다)을 기호로 표시한 것이 rad다. 반지름 r인 원에서 원주 위에 길이 r인 부채꼴을 잡았을 때 그 중심각의 크기를 1라디안이라고 한다.

경~기원전 192년경)라는 수학자가 지구 둘레가 4만 6,250킬로미터(정확히는 약 4만 킬로미터)이며 반지름이 약 7,364킬로미터(정확히는 약 6,378킬로미터)라는 사실을 밝혀냈다. 그러면 구하고자 하는 두 점 사이의 지구 위의 거리 L은 $L=r\theta$로 구할 수 있다. 실제 두 점 사이의 거리를 측정해 보자.

$$\cos\theta = \cos\varphi_A \cos\varphi_B \cos(\lambda_A - \lambda_B) + \sin\varphi_A \sin\varphi_B$$

$$= \cos 35.6586° \times \cos 48.8583° \times \cos(139.745° - 2.29451°)$$

$$+ \sin 35.6586° \times \sin 48.8583°$$

$$= 0.812504 \times 0.657923 \times (-0.736693)$$

$$+ 0.582954 \times 0.753084$$

$$= 0.0452027$$

$$\theta = 1.525578[\text{rad}]$$

$$\overset{\frown}{AB} = \text{지구 반지름}\,6378\text{km} \times 1.525578 = 9730\text{km}$$

간신히 도쿄 타워와 에펠 탑 사이의 거리가 나왔다. 어렵다고 느끼겠지만 일찍이 천문학자들은 이 구면삼각법으로 항로의 거리와 별의 움직임을 계산했다.

천문학의 발달이 나라의 운명과 직결되어 있던 만큼 당시의 천문학자들이 느끼는 부담감은 상상을 초월했을 것이다. 대항해시대의 천문학은 그야말로 국가의 존망이 걸린 중대한 일이었다.

그러나 천문학자가 지상에서 아무리 거리를 계산해도 바다에서는 사고가 끊이지 않았으며 많은 선원이 바다에서 속절없이 죽어 갔다. 그 원인 중 하나는 정확하지 않은 천측력(天測曆)이었다. 천측력은 별의 운행을 예측하는 달력인데, 이것 역시 천문학자가 지상에서 작성한 것이었다. 그러나 당시는 계산기가 없던 시대였기 때문에 계산이 복잡한 천측력은 안타깝게도 그다지 정확하지 않았다.

먼 바다를 항해하는 선원들은 천측력을 참고로 시계와 실제 별의 위치를 보면서 대략적으로 현재 위치를 확인했다.

그러나 천측력이 부정확했기 때문에 선원들은 곧잘 잘못된 항로로 들어섰고, 결국 망망대해를 떠돌다가 식량이 바닥이 나 굶주림에 목숨을 잃었다.

🧩 선원들의 목숨을 구한 로그

이런 상황을 누구보다 가슴 아파했던 사람이 스코틀랜드의 수도 에든버러 인근에 있는 머치스턴 성의 성주 존 네이피어(John Napier, 1550~1617)였다.

천문학자는 정확한 천측력을 만들기 위해 천문학적인 계산을 하느라 비명을 질러야 했다. 구면삼각법으로 삼각함수 값을 구하려면 여덟 자리 숫자끼리, 열 자리 숫자끼리 일일이 곱하고 나누고 더하고 빼야 했다. 게다가 천측력은 매년 다시 만들어야 했다. 상상을 초월할 만큼 고된 작업이었다.

네이피어는 복잡한 천문학 계산을 좀 더 빠르고 간단하게 할 수 있는 방법을 모색하기 시작했다. 그리하여 마침내 오늘날에도 쓰이고 있는 로그(log)를 이용하는 방법을 찾아냈다.

여기서 학창 시절의 기억을 되살려 로그가 어떤 것이었는지 다시 한 번 살펴보자. 우선 지수 표기부터 기억하자.

$$2^3 = 8$$

이것은 2를 3번 곱하면 8이 된다는 의미다. 달리 표현하면 "밑을 2로 둘 때 8의 로그는 3이다."라고 할 수 있다. 이때의 3을 $3 = \log_2 8$이라고 표기한다.

이처럼 로그를 쓴 식을 대수(對數)라고 한다.[4] 여기서 2를 그 로그의 밑, 8을 진수라고 한다.

지수와 로그는 닮은 구석이 많다. 그도 그럴 것이 지수와 로그는 표리일체로 둘의 차이라고는 겉에서 보느냐 안에서 보느냐 하는 것밖에 없다.

로그를 좀 더 간단하게 설명하겠다.

예를 들어 $10 \times 100 = 1000$을 계산할 때, 흔히 우리는 얼른 머릿속에서 10의 0과 100의 00을 더한 후 0이 3개이므로 1000이라 대답하곤 한다.

이처럼 로그는 계산의 환승 시스템이라고 할 수 있다. 곱셈을 덧셈으로, 나눗셈을 뺄셈으로 환승하는 방법이 바로 로그다.

10×100이라면 곱하기라도 어렵지 않게 답할 수 있지만 자릿수가 커지면 덧셈을 하는 편이 훨씬 편하다.

네이피어는 10을 10의 1제곱, 100을 10의 2제곱으로 생각하고 이 수의 법칙성에 주목했다. 그리고 로그의 개념을 정립해 갔다.

그럼 실제로 로그를 써서 곱셈이 덧셈으로 바뀔 수 있는지 살펴보자.

다음 표는 2를 밑으로 하는 로그의 일부다.

$1 = \log_2 2$

$2 = \log_2 4$

---

4) 대수(對數)는 로그의 전 용어이다. 현행 중등 교육과정에 맞춰 원서의 대수를 로그로 통일해 옮겼다. 즉 "밑을 2로 둘 때 8의 로그는 3이다."라고 쓴다.

$3 = \log_2 8$

$4 = \log_2 16$

$5 = \log_2 32$

$6 = \log_2 64$

$7 = \log_2 128$

$8 = \log_2 256$

$9 = \log_2 512$

$10 = \log_2 1024$

이 로그를 이용해 16×32를 계산해 보자.

우선 진수 16과 32의 로그, 즉 $\log_2 16$과 $\log_2 32$를 위의 표에서 찾으면 4와 5다. 이 두 숫자를 더하면 9다.

그러면 로그가 9인 식을 찾는다. 표에 $9 = \log_2 512$라고 나와 있다. 따라서 진수 512가 16×32의 답이 된다.

이와 같이 네이피어는 곱셈을 덧셈으로 만드는 법칙을 발견하고 무려 여덟 자리 수에 대응하는 로그표를 20년에 걸쳐 오직 혼자 힘으로 만들었다.

여덟 자리 숫자의 로그표를 만들기 위해 얼마나 복잡한 계산을 해야 했을지 상상해 보라. 실제로 네이피어는 열네 자리에 이르는 숫자를 계산해야만 했다.

이 사실을 알았을 때 나는 소스라치게 놀랐다. 동시에 네이피어의 열정에 감동했다. 돈을 벌기 위해서 한 일이 아니었다. 명예나 지위를 바라고 한 일도 아니었다. 네이피어는 오로지 사람의 목숨을 구하겠다는 마음에서 계산을 계속했다. 네이피어가 만든 로그표 덕분에 천문학 계산은 한결 간편해졌다.

그러나 20년의 연구 끝에 완성한 논문 「경이로운 로그 법칙에 대한 기술(Description of the Wonderful Canon of Logarithms)」[5]이 세상에 나왔을 때 이를 이해하는 사람은 거의 없었다. 그러다가 마침내 네이피어를 이해하는 사람이 나타났다. 런던에 있는 그레셤 칼리지의 기하학 교수 헨리 브리그스(Henry Briggs, 1561~1630)였다.[6]

논문이 출판된 다음 해인 1615년, 네이피어가 착안한 로그의 핵심을 이해한 브리그스는 에든버러를 방문해 네이피어를 만났다. 두 사람은 뜻을 합쳐 로그 개량에 매달렸다. 그리하여 1619년, 마침내 새로운 로그를 고안해 냈다.

$$y = 10^{10} \log_{10} x$$

---

5) 로그의 성질과 계산법을 설명한 네이피어의 논문. 1614년 발표되었다. 논문은 라틴어로 쓰였으며 라틴어 원제는 「Mirifici Logarithmorum Canonis Descriptio」다.

6) 원서에는 '런던 대학의 브리그스'라고 적혀 있지만, 조사해 본 결과 브리그스는 런던 대학이 아닌 그레셤 칼리지의 교수였다고 한다. 트리니티 칼리지가 케임브리지 대학에 소속되어 있는 것처럼 그레셤 칼리지가 런던 대학에 소속되어 있는지도 살펴보았지만, 그레셤 칼리지는 런던 대학 산하 칼리지가 아니었다.

네이피어가 만든 로그표
(출처 : 교토 대학교 이학부 수학교실)

여기에 10^{10}이 붙은 까닭은 유효숫자 열 자리의 로그 값을 생각한 것으로, 소수점의 위치만 이해하면 이것은 본질적으로 10을 밑으로 하는 상용로그가 된다.

브리그스는 곧장 새로운 로그표 작성에 착수했다. 1,000까지의 로그표를 완성한 후 브리그스는 네이피어에게 기쁜 소식을 전하려고 했다. 그러나 마침 그때 뜻밖의 소식이 날아들었다. 1617년, 네이피어가 자신의 성에서 숨을 거두었다는 것이다. 브리그스는 상심했다. 그러나 곧 네이피어의 유지를 잇고자 결심하고 8년의 세월에 걸쳐 10,000에서 20,000까지의 로그표와 90,000에서 100,000까지의 로그표를 완성했

다. 이것이 바로 전 세계를 석권하다시피 한 브리그스 로그다.

브리그스의 뒤를 이어 로그표 연구에 매진한 사람은 네덜란드의 출판 업자 겸 수학자 아드리안 블락(Adriaan Vlacq, 1600~1667)이다. 그는 1628년에 20,000에서 90,000까지의 로그표를 작성했다. 이로써 모든 로그표가 완성되었고, 그 덕에 사람들은 복잡한 계산을 한결 쉽게 할 수 있었다.

이상으로 삼각함수와 로그의 역사를 간략하게 살펴보았다. 이제 삼각 함수와 로그가 인류에게 얼마나 중요한지 알 수 있을 것이다.

아마 대부분의 사람들이 학창 시절에 사인과 코사인 계산을 귀찮게 여 겼을 것이다. 그러나 이런 뒷이야기를 알고 나면 수학이 어렵고 번거로운 것도 어쩌면 당연한 일이라는 생각이 들 것이다.

수학이 어려운 이유는 지구가 둥글고 별의 운행을 비롯한 우주의 움직임이 복잡하기 때문이다. 그렇지만 삼각함수와 네이피어가 만든 로그 덕분에 많은 사람이 목숨을 건졌다. 그리고 로그는 오늘날에도 과학과 사회를 움직이는 위력을 발휘하고 있다.

다음 장에서는 옛날 사람들의 생명을 구한 삼각함수, 지수, 로그가 현대에 와서 어떤 역할을 하는지, 우리 생활에 어떤 도움을 주고 있는지 살펴볼 것이다.

수학뿐만 아니라 다른 분야에서도 천재였던 네이피어

네이피어는 로그를 발견한 위업으로 수학사에 이름을 남겼지만 흔히 말하는 전형적인 수학자는 아니었다.

네이피어는 13세에 세인트앤드루스 대학교에 입학해 종교학을 공부했다. 이후 머치스턴 성의 성주로서 영지에 사는 백성을 위해 헌신적으로 일했다. 새로운 비료를 개발하고 실험 농장을 만들어 작황을 개선하는 방법을 연구했다. 외적을 무찌르는 무기도 발명했다. 그가 발명한 것 가운데에는 '수중을 달리는 공격용 무기(잠수함)', '군대용 차폐 이륜마차(전차)' 등이 있다. 또 그는 '장화의 가격 조정' 등 행정적인 업무도 처리했다.

네이피어는 열렬한 프로테스탄트(신교도)였다. 특히 「요한계시록」에 관심이 많았던 그는 「요한계시록」에 예수가 인류에게 전하는 복음이 응축되어 있다고 생각하고 연구에 몰두했다. 그 결과 1593년 『요한계시록에 대한 명백한 발견(A Plaine Discovery of the Whole Revelation of St. John)』을 출간했다. 이 책은 유럽 전역에서 호평을 받으며 베스트셀러가 되었다.

네이피어는 책을 출판한 다음 해인 1594년에 로그 연구에 착수했다. 그리고 20년 후인 1614년에 인류에게 로그를 안겨 주었다.

2

우리 몸속에도 로그가 있다!

엉뚱 여사 앞에서 지수와 로그가 우리 생활에 도움을 준다고 하셨는데……

황당 박사 예, 그랬지요. 세탁기도 코사인 같은 삼각함수가 있어서 돌아가는 겁니다. 전철 바퀴의 회전 속도를 조절할 수 있는 것도 삼각함수 덕분이랍니다.

엉뚱여사 아, 그렇군요. 뭐 자세히 설명해 주실 필요는 없어요, 호호호. 삼각함수는 그렇다 치고, 로그와 지수는 어때요? 이게 실생활에 무슨 도움이 되지요?

황당 박사 하하하. 그 질문을 기다렸습니다. 사실 지수와 로그는 우리 삶에서 매우 가까운 곳에 존재하는 수학입니다.

엉뚱 여사 무슨 말씀인지?

황당 박사 예를 들면 산성과 알칼리성을 판단할 때 쓰는 척도인 pH(수소 이온농도 지수)를 들 수 있겠네요. 여기에 로그가 사용됩니다.

엉뚱 여사 호오, pH에 로그가요?

황당 박사 또 있어요. 지진의 규모를 측정할 때 쓰는 매그니튜드(magnitude)나 소리 크기를 측정할 때 쓰는 데시벨(dB)에도 로그를 사용한답니다.

엉뚱 여사 어머, 전혀 몰랐어요. 혹시 이거 남들은 다 아는 유명한 이야기인가요?

황당 박사 음, 우리 같은 사람에게는 당연한 이야기겠지만 일반 사람들에게는 그렇지 않을 겁니다. 공학과 관련한 업종에 종사하는 사람은 잘 아는 이야깁니다. 특히 소리를 다루는 엔지니어들은 로그에 대해 잘 알고 있습니다. 그들은 로그에 아주 민감하지요.

엉뚱 여사 왜 그렇죠?

황당 박사 사람이 느끼는 소리의 크기가 로그에 비례하기 때문이지요. 그러니 소리를 다루는 일을 하는 사람이 로그를 모른다면 말이 안 되겠지요.

엉뚱 여사 음, 어려운 건 잘 모르겠지만 어쨌든 지수와 로그가 소리나 지진의 크기 단위와 관계가 있다는 말씀이지요? 재미있는 이야기네요. 어쩐지 흥미가 생겨요.

황당 박사 그렇죠? 당연한 이야기지만, 보통 사람들은 잘 모르는 이야기를 해 드리지요. 사실 사람 몸속에도 로그가 있답니다.

엉뚱 여사 어머! 몸속에 로그가 있다고요?

황당 박사 그렇습니다. 자, 그럼 흥미가 생기셨다니 좀 더 이야기를 진행해 볼까요.

🧩 인간의 감각은 곱셈이다!

로그라는 말이 마치 다른 세상의 언어처럼 느끼는 사람도 적지 않을 것이다. 그러나 로그는 인간의 몸속에도 존재한다. 좀 더 정확히 이야기하면 인간의 오감과 관계가 있다. 오감은 시각, 청각, 미각, 후각, 촉각을 말한다.

오감과 로그는 어떤 관계가 있을까. 예를 들어 후각과 대수는 어떤 관계가 있을까.

밀폐된 방 안에 냄새가 고약한 쓰레기가 있고 그 냄새의 양이 100이라고 가정하자. 그리고 냄새제거제와 공기청정기를 이용해 냄새의 양을 50까지 줄였다고 해 보자. 그때 사람은 과연 냄새가 반으로 줄었다고 느낄까. 그렇지 않다. 사실 거의 변화를 느끼지 못한다. 냄새의 99퍼센트를 제거해야만 비로소 냄새가 반으로 줄었다고 느낀다.

청각과 대수의 관계도 알아보자.

우리는 풀숲의 벌레 우는 소리와 콘서트에서 울려 퍼지는 소리의 크기를 똑같이 느끼곤 한다. 잘 생각해 보면 흥미로운 일이다.

만약 음량의 절대치를 느낄 수 있다면 벌레 소리는 음량이 작으므로 작게 느끼고 연주 소리는 음량이 크므로 크게 느껴야 한다. 그러나 그렇지 않다. 작은 소리와 큰 소리를 똑같은 크기로 느낄 수 있다. 소리의 크고 작음과는 상관없이 느끼는 방법(감각)이 동일하기 때문이다.

그러면 에너지가 10인 소리가 있다고 가정했을 때 에너지를 몇 배로 해야 소리의 크기를 배로 느낄 수 있을까?

"에너지를 20으로 올리면 소리도 2배로 느끼겠지."라고 생각하는 것이 보통이다. 그러나 인간의 귀는 그렇게 예민하지 않다. 소리가 2배 커졌다고 느끼려면 실제로는 에너지를 10배로 올려야 한다. 에너지 10인 소리가 100이 되어야 겨우 소리 크기를 2배로 느낄 수 있다. 4배 커졌다고 느끼려면 100배의 에너지가 필요하다.

즉 인간의 감각은 덧셈이 아니라 곱셈을 따른다. 그리고 여기에 바로 로그의 개념이 사용된다. 앞에서 나온 내용을 복습해 보자.

'2의 3제곱은 8'이 지수를 나타내는 문장이라면 '8은 2의 몇 제곱인가?'는 로그를 묻는 문장이다. 로그의 답은 3이다. 말하자면 8이 인간이 느끼는 '크기'나 '밝기' 같은 감각이며 2가 '냄새'나 '소리' 같은 자극이다. 즉 인간은 자극의 세기의 로그에 비례해 소리의 크기나 냄새의 정도를 느낀다.

수학적으로 표현하면 '감각의 크기는 자극의 로그에 비례한다.'가 되는데, 이를 베버-페히너의 법칙이라고 한다.

베버-페히너의 법칙의 공식은 다음과 같다.

베버-페히너의 법칙

$$R = k \log \frac{S}{S_0}$$

※ 단, R은 감각의 세기, S는 자극의 세기, S_0는 감각의 세기가 0이 되는 자극의 세기, k는 자극 고유의 상수(감각마다 다른 값)

베버-페히너의 법칙에서 베버[7]는 심리학자, 페히너[8]는 물리학자다. 두 사람의 이름이 붙어 있지만 두 사람이 함께 실험을 하거나 수식을 고안한 것은 아니다. 원래는 베버가 "심리학의 세계를 정량화할 수 있는 방

---

7) 에른스트 하인리히 베버(Ernst Heinrich Weber, 1795~1878). 독일의 생리학자이자 심리학자.
8) 구스타프 테오도르 페히너(Gustav Theodor Fechner, 1801~1887). 독일의 물리학자이자 심리학자.

법이 없을까?' 하고 연구를 시작한 데서 비롯된 법칙이다.

인간의 감각은 매우 주관적이다. 그러나 감각을 모조리 주관적인 것으로 치부하면 학문의 대상이 될 수 없다. 오로지 예술의 세계에서만 다룰 수 있는 문제가 되고 만다.

예를 들어 매우 매운 카레라이스 시식에 도전한다고 하자. 맵기에 따라 1단계에서 10단계까지의 카레라이스가 눈앞에 있다. 평소 1단계 카레라이스를 먹던 사람이 2단계나 3단계를 먹으면 굉장히 맵다고 느낄 것이다.

그러나 8단계 카레라이스를 먹은 후 9단계, 10단계를 먹으면 그다지 큰 변화를 느끼지 못할 것이다. 이것도 어떤 의미에서는 개인의 주관에 따른 것이다. 그러나 누가 시식에 도전하더라도 거의 같은 느낌을 이야기할 것이다.

1840년대에 베버는 이처럼 눈에 보이지 않는 사람의 기분과 감각을 정량화하기 위해 다양한 연구를 했다. 1860년에 베버의 연구를 진전시켜 수식으로 정리한 사람이 물리학자 페히너다.

베버-페히너의 법칙은 발상은 심리학이었으나 물리학과 결합한 까닭에 '정신물리학'[9]의 법칙이라고 불린다.

---

9) 물리적 자극과 심리적 경험 사이의 양적 관계를 체계적으로 연구하는 학문. 페히너가 제창한 학문이다.

✿ 빛·소리·무게와 역치(閾値)[10]

감각의 세기는 자극의 로그에 비례한다. 인간이 오감을 느끼는 방법은 빛 같은 자극의 세기의 로그에 비례한다. 즉 자극은 주변 환경에 따라서도 달라진다.

예를 들어 빛을 생각해 보자. 햇빛 아래에서 휴대전화의 액정 화면을 보면 그다지 밝지 않다. 하지만 칠흑 같은 어둠 속에서 보면 매우 밝다.

소리도 생각해 보자. 매우 시끄러운 교차로에서 듣는 목소리와 조용한 숲에서 듣는 목소리는 어떻게 들릴까. 소리의 실제 크기는 같아도 다르게 들릴 것이다.

요컨대 인간은 주위 환경과 비교해 빛이 밝다거나 소리가 크다고 판단한다. 앞에서 예로 든 쓰레기 냄새도 마찬가지다.

수학적으로 표현하면 감각의 세기는 기준이 되는 자극의 양에 따라서도 달라진다.

앞에서 인간의 감각은 곱셈이라고 했다. 자극(냄새, 소리, 빛 등)을 느낄 때 기준이 되는 자극의 몇 배인지도 중요하다.

여기서 하나 더 알아보자.

인간은 빛이나 소리 등의 자극에 반드시 반응할까? 사실은 그렇지 않다. 어떤 일정한 선을 넘어야 비로소 자극을 인식한다. 예를 들어 줄곧

---

10) 생물체가 자극에 반응하는 데 필요한 최소한의 자극의 세기를 나타내는 수치.

아무것도 느끼지 못하다가 갑자기 "앗, 아파!" 하며 통증을 느끼는 순간이 있다.

자극을 깨닫는 순간의 자극의 크기를 역치라고 한다. 인식할 수 있는 최소량의 자극을 의미한다.

무게가 100그램인 물건을 들고 있다고 가정해 보자. 여기에 0.1그램짜리 작은 추를 계속 올린다. 1.9그램까지는 무게가 달라졌다고 느끼지 못하다가 2그램이 되는 순간 "아, 무거워졌다!"라고 느꼈다면 100그램에 대한 역치는 2그램이다.

그러면 무게 200그램인 물건을 들고 있을 때 역치는 얼마일까. 답은 4그램이다.

원래 무게가 100그램일 때는 2그램을 식별할 수 있지만 원래 무게가 200그램이 되면 2그램을 인식하지 못한다.

이것은 기준이 되는 무게가 바뀌면 식별할 수 있는 최소 단위도 바뀐다는 말이다. 앞에서 예로 든 휴대전화의 액정 화면도 마찬가지다. 추를 이용한 촉각 실험을 통해 역치를 최초로 밝혀낸 사람이 바로 베버다.

여기서 잠깐, 고민 상담실을 찾은 엉뚱 여사의 도움을 받아 역치 실험을 해 보기로 한다.

100원짜리 동전 10개를 손바닥에 올려놓고 거기에 황동으로 된 1원짜리를 하나씩 더해 간다. 그리고 몇 개째에 무게에 변화를 느끼는지 조사한다.

이어서 손바닥에 올려놓은 100원짜리 동전의 개수가 20개일 때와 30개일 때, 거기에 1원짜리가 몇 개 더 올라갔을 때 변화를 느끼는지 조사한다.

황당 박사   자, 어머님. 손에 100원짜리 동전 10개를 올려놓았습니다. 눈을 감으세요. 만약을 위해 귀마개로 귀도 막습니다. 소리로 개수를 알 수도 있으니까요.

엉뚱 여사   예. 여기에 1원짜리를 하나씩 더해 간다는 거지요?

황당 박사   그렇습니다. 자, 하나씩 더하겠습니다.

(1원짜리 동전을 하나씩 올려놓는다.)

엉뚱 여사　아! 이제 알겠어요.

황당 박사　5개째네요.

엉뚱 여사　호오. 이게 바로 역치라는 거군요.

황당 박사　정확히 말하면 100원짜리 동전 10개에 대한 역치가 1원짜리 동전 5개라는 말이지요. 자, 그럼 실험을 계속할까요.

100원짜리 동전을 10개 올려놓았을 때

1원짜리 동전 개수	결과
1개	×
2개	×
3개	×
4개	×
5개	○

100원짜리 동전을 20개 올려놓았을 때

1원짜리 동전 개수	결과
1개	×
2개	×
3개	×
4개	×
5개	×
6개	○

100원짜리 동전을 30개 올려놓았을 때

1원짜리 동전 개수	결과
1개	×
2개	×
3개	×
4개	×
5개	×
6개	×
7개	○

황당 박사 이제 엉뚱 여사님도 역치가 뭔지 잘 아시겠지요?

역치를 알고 나면 인간의 감각이 의외로 허술하다고 생각할 수 있다. 그런 생각이 드는 것도 어찌 보면 당연하다. 100그램짜리 물건을 들고 있을 때는 2그램의 변화를 알아차렸으면서 200그램짜리 물건을 들고 있을 때는 2그램의 변화를 알아차리지 못하니 얼마나 허술한가.

그러나 이 '허술함'이 바로 베버-페히너의 법칙이며 인간이 지닌 감각이 훌륭하다는 증거다.

생각해 보자. 무게를 느끼는 감각이 지나치게 확실해서 언제나 그 무게만큼 느낀다면 얼마나 불편하겠는가. 아니, 불편한 정도가 아니다. 적당하게 받아들이지 않으면 인간은 살아갈 수가 없다. 무게나 밝기를 언제나 있는 그대로 받아들인다면 틀림없이 감각이 망가져서 제대로 살아가지 못할 것이다. 이런 점에서 볼 때 인간의 감각은 허술한 것이 아니라 적당하다고 표현해야 할 것이다.

🧩 베버-페히너의 법칙이란 무엇인가?

이제 앞에서 간단히 설명한 베버-페히너의 법칙, 즉 사람의 몸속에 있는 이 법칙의 수식을 어떻게 만들었는지 살펴보자. 이 법칙을 좀 더 상세하게 알면 인간의 몸에 왜 로그가 숨어 있다고 했는지 이해할 수 있을 것이다.

우선 베버의 법칙부터 알아보자.

심리학자 베버는 차이를 느끼는 데 필요한 자극의 최소량이 절대량이 아니라 그 전에 경험한 자극의 양에 대한 비율로 결정되는 것이라는 점을 실험을 통해 확인했다.

그리고 "표준자극의 세기 S와 비교자극의 세기 $\varDelta S$의 비(比)는 항상 일정하다."는 사실을 증명했다. 이것을 수식으로 표현하면 다음과 같다.

$$\frac{\varDelta S}{S} = 일정$$

이것이 베버의 법칙이다. 납으로 만든 추를 이용한 실험에서 표준자극의 세기(S)가 각각 100, 200일 때 비교자극의 세기($\varDelta S$)는 각각 2와 4였다. 두 경우에서 각각 비교자극의 세기를 표준자극의 세기로 나누면 $\frac{2}{100} = \frac{4}{200}$로 일정하다.

이 자극에 대한 베버의 법칙에 감각의 세기를 끌어들인 사람이 바로 페히너다.

베버가 생각한 '표준자극의 세기(S)분의 비교자극의 세기(ΔS)'를 베버상수라고 하는데 페히너는 이 값이 감각의 정도를 나타낸다고 생각했다.

즉 자극 S가 100일 때 비교자극의 세기 ΔS를 2, 3, 4 ……로 늘려 가면 감각의 세기도 따라서 커진다는 말이다.

정확하게는 감각의 세기를 R로 두었을 때 그 변화량 ΔR이 커지는 것이다. 그렇게 해서 다음과 같은 관계식이 성립한다.

$$\frac{\Delta S}{S} = 정수 \times \Delta R$$

자, 이 관계식을 이해해 보자. ΔS, ΔR이 한없이 0에 가까워지는 수를 각각 dS, dR이라고 나타낸다. 그러면 다음과 같은 식이 된다.

$$\frac{dS}{S} = 상수 \times dR$$

이것을 미분방정식이라고 한다. 이 식은 다시 다음과 같이 변형할 수 있다.

$$dR = k\frac{dS}{S} \quad (k는\ 어느\ 상수)$$

그리고 감각의 세기가 0이 되는 자극의 세기를 S_0로 해 이 미분방정

식을 풀면 다음과 같은 식을 얻는다(사실 여기까지 오려면 중간에 적분 같
은 조금 까다로운 계산을 해야 하지만 쉽게 설명하기 위해 복잡한 내용은 생
략했다).

$$R = k \log \frac{S}{S_0}$$

이렇게 해서 도출한 수식이 페히너가 내린 결론으로 베버-페히너의
법칙이다.

이 계산식에는 앞에서 말한 것처럼 마지막에 로그가 나타나 있다.

사물의 단위와 인간의 감각

앞에서 말했듯이 소리의 크기를 나타내는 단위인 데시벨(dB)과 지진의 세기를 나타내는 단위 매그니튜드 등은 로그로 계산된다. 이제 그 이유를 상상할 수 있을 것이다.

인간의 청각은 크기가 1인 에너지를 10배로 해야 겨우 '2배가 되었다.'고 느낀다. 그러면 인간은 어느 정도 크기까지의 소리를 판별할 수 있을까? 인간이 식별할 수 있는 가장 작은 소리를 1이라고 했을 때 판별할 수 있는 가장 큰 소리는 100만이다. 범위가 어마어마하게 넓다.

따라서 소리의 양을 그대로 10이니 20이니 하는 작은 숫자로 나타내면 엄청나게 큰 범위의 숫자가 필요하다. 하지만 인간은 10배가 아니면 커졌다고 느끼지 못한다. 곧이곧대로 작은 숫자를 붙인 단위는 이용 가치가 없다.

그래서 소리 단위인 데시벨은 10배의 비율로 설정되었다. 크기가 1인 최초의 소리를 0데시벨로 두면 크기가 10배인 소리는 10데시벨이 된다. 그리고 여기서 다시 10배를 하면 원래 소리 크기의 100배인 20데시벨이 된다.

원래 소리 크기의 1,000배가 30데시벨, 1만 배가 40데시벨, 10만 배가 50데시벨, 100만 배가 60데시벨이다.

0dB	1배
3dB	2배
6dB	4배
10dB	10배
20dB	100배
30dB	1,000배
40dB	10,000배
50dB	100,000배
60dB	1,000,000배
ydB	x배 (y=10 $\log_{10} x$)

데시벨은 몇 배의 비율로 표시할까?

수식으로 나타내면 x배와 ydB의 관계는 다음과 같다.

$$y=10\log_{10} x$$

인간의 감각이 로그와 크게 상관이 있는 만큼 데시벨은 우리 생활과 딱 맞아떨어지는 단위다.

참고로 일상생활에 존재하는 소리의 크기를 데시벨로 나타내면 다음과 같다.

차 경적 소리	110dB
전철이 통과할 때 가드레일 밑	100dB
노래방 안	90dB
지하철 안	80dB
도로변 소음	70dB
일상적인 회화	60dB
에어컨 실외기	50dB
도서관 안	40dB
속삭이는 소리	30dB
나뭇잎 떨어지는 소리	20dB

생활 속의 소리

덧붙여 데시벨(decibel)의 데시(deci)는 10분의 1이라는 뜻이다. 예를 들어 1데시리터는 0.1리터, 10데시리터는 1리터다. 벨(bel)은 전화를 발명한 그레이엄 벨(Graham Bell, 1847~1922)의 이름에서 따왔다. '데시'와 '벨'을 합쳐 '데시벨'이 된 것이다.

데시벨은 원래 전화의 잡음을 시험하는 과정에서 생겨났다. 옛날에는 전화선을 당기면 잡음이 섞이곤 했다. 따라서 통화 품질을 개선하려면 전화에서 나는 소음을 측정할 필요가 있었다. 그래서 처음에는 '벨'이라는 단어를 먼저 만들었다. 통화할 때 목소리와 잡음의 비율이 문제가 되어 다음과 같은 식을 만들었다.

$$\text{벨} = \log_{10} x \frac{\text{비교대상값}}{\text{기준값}}$$

그런데 이렇게 계산하면 3.1처럼 소수점 이하 한 자리 숫자의 단위가 나온다. 10데시벨이라는 단위를 만들기 전에는 3.1벨 등의 단위를 사용했다. 그러나 그대로 사용하기가 불편해 10배를 해서 오늘날 30데시벨, 40데시벨이라고 불리는 단위를 만들었다.

이와 같이 우리 생활에서 친숙한 단위는 누가 제멋대로 만들어 낸 것이 아니라 우리 몸과 감각을 기준으로 삼아 만들어졌다.

자극과 감각이 로그와 깊은 관련을 맺고 있기 때문에 우리는 벌레 울음처럼 미미한 소리와 연주회장을 울리는 큰 음악 소리를 똑같이 느끼고 즐길 수 있다.

이렇게 수(數)를 들여다보면 여러 가지 신기한 사실을 깨닫는다.

인간은 편의를 위해 새로운 언어를 만들어 낸다. 그런데 이 우주 자체

는 '수'로 이루어져 있으며 인간은 그 속에서 살아가고 있다. 그렇다면 무엇이든 '수'로 표현할 수 있지 않을까…….

'수'는 어쩌면 만능의 소통 도구일지도 모른다. 영어나 프랑스어를 모르는 사람은 많아도 수를 모르는 사람은 드물지 않은가.

숫자야말로 인류 보편의 언어가 아닐까?

가끔은 음악을 들으면서 로그를 생각해 보면 어떨까. 어쩌면 우리 몸 안의 수학이 말을 건넬지도 모른다.

고고한 천재 라마누잔

병상에 누워 지내던 라마누잔(Srinivasa Aiyangar Ramanujan, 1887-1920, 인도)은 문병을 온 스승 하디(Godfrey Hardy, 1877-1947, 영국)를 보자마자 이렇게 말했다.

"선생님! 아주 재미있는 숫자를 찾았습니다. 1729[11]라는 숫자는 3번 곱한 숫자 2개의 합을 2가지로 나타낼 수 있는 가장 작은 숫자예요."

생의 마지막까지 수학에 충실했던 라마누잔. 그의 천재성을 처음 발견

라마누잔(가운데)과 하디(맨 오른쪽).
케임브리지 대학교 트리니티 칼리지 연구원들과 함께.

한 사람이 바로 하디다. 케임브리지 대학교에서 수학을 가르치던 하디는 인도의 시골에서 홀로 수학을 연구하던 라마누잔을 불러들여 공동으로 연구를 시작했다. 라마누잔은 50시간을 연구하고 20시간을 자는 불규칙한 생활을 하면서 매일같이 새로운 발견을 했다. 하디가 "어떻게 이런 새로운 사실을 찾아낼 수 있었는가?"라고 물으면 "나마기리 여신[12]이 꿈에 나타나 일러 주셨습니다."라고 대답했다고 한다.

훗날 하디는 "라마누잔은 모든 숫자의 친구다."라는 말을 남겼다.

"신의 사색을 표현하지 않는 방정식은 무의미하다."고 말한 라마누잔은 병상에서도 쉼 없이 수학을 연구했다. 그리고 3,254개의 공식을 남기고 32세의 젊은 나이에 세상을 떠났다.

---

11) $1729 = 12^3 + 1^3 = 10^3 + 9^3$

12) Sri Namagiri Lakshmi. 인도 힌두교의 여신. 특히 인도 남부의 타밀나두 지역에서 인기가 높다. 라마누잔은 타밀나두에서 나고 자랐다.

3

혹시 GPS가 나를 지켜보고 있는 걸까?

엉뚱 여사 선생님, 선생님은 어렸을 때 수업이 끝나면 한눈 안 팔고 곧장 집에 가셨어요?

황당 박사 갑자기 그런 건 왜 물으시죠? 학창 시절 하굣길에 한눈파는 일이야 다반사였지요. 서점에 들르거나 친구랑 패스트푸드 가게에서 노닥거리거나. 뭐, 저는 그랬습니다.

엉뚱 여사 그러셨군요. 요즘 우리 애가 자꾸 늦게 들어와 걱정이에요. 참, 요즘 휴대전화는 위치를 알려 주는 장치가 붙어 있다던데 그거라도 써 볼까요?

황당 박사 글쎄요, 제가 뭐라 말씀드리기는 어렵네요. 그런데 엉뚱 여사님, 그 장치가 뭔지 혹시 아시나요?

엉뚱 여사 으음, 뭐랬더라⋯⋯.

황당 박사 GPS라고 하는 겁니다. 글로벌 포지셔닝 시스템(Global Positioning System)의 약자지요.

엉뚱 여사 아, 맞아요. GPS! 그리고 보니 차에 붙어 있는 내비게이션에도 그런 게 있었는데.

황당 박사 맞습니다.

엉뚱 여사 GPS라는 건 대체 어떤 구조로 되어 있는 건가요? 어떻게 우리 차 위치를 찾아서 우회전하라느니 꺾으라느니 척척 알아서 지시하는 거죠?

황당 박사 음, GPS가 인공위성을 이용해 작동한다는 사실은 알고 계십니까?

엉뚱 여사 물론이지요. 인공위성이 내가 지금 운전하는 차를 찾아서 지시하는 거잖아요. 그런데 우주에서 차를 찾아낼 정도라면 운전하는 내 모습을 촬영할 가능성도 있다는 이야기겠지요? 생각만 해도 무섭네요.

황당 박사 하하하. 엉뚱 여사님, 영화를 너무 많이 보셨군요. 그렇지 않아요. 애당초 GPS와 인공위성은 전파로 연결되어 있어요. 위성이 엉뚱 여사님의 차를 일일이 찾아 지시를 내리는 일은 없습니다.

엉뚱 여사 어머, 그래요? 그럼 대체 어떻게 된 거죠?

황당 박사 제가 앞에서 대항해시대 이야기를 했는데 기억하시나요? 대항해시대에는 별의 위치로 항로를 정했다고 말씀드렸지요. 그거랑 비슷한 이야기랍니다.

엉뚱 여사 호오. 현대판 대항해시대 이야기네요. 그럼 황당 박사님, 되도록 간단하게, 재미있게 설명해 주세요.

오늘날 자동차에 당연한 듯 붙어 있는 내비게이션, 즉 차량자동항법장치에는 GPS가 장착되어 있다.

GPS의 작동 원리를 간단히 설명하면 이렇다. 차에 탑재된 기계가 인공위성이 쏘는 전파 정보를 수신해 현재 위치를 파악한다. 그것을 지도 데이터와 합친 정보가 우리가 쓰는 내비게이션의 화면에 나온다.

사람들이 흔히 생각하듯 인공위성이 차를 직접 찾아 방향을 유도하는 것이 아니다. 전 세계에 수억 대의 차가 달리고 있는데 인공위성이 그 많

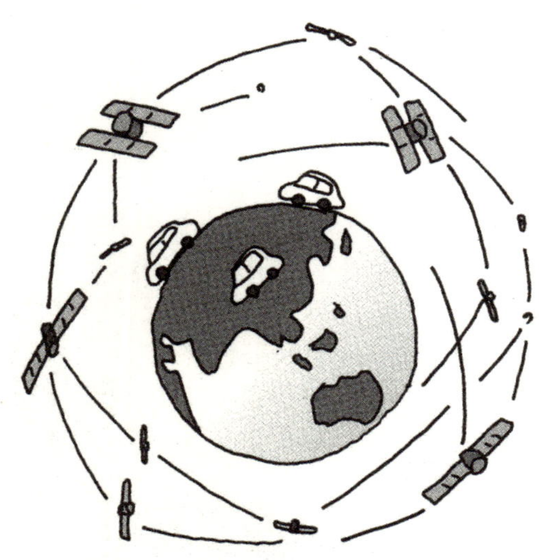

은 차를 하나하나 찾는다면 훨씬 번거로울 것이다.

GPS는 자동차의 내비게이션에 탑재되어 오늘날 우리 생활에 매우 친숙한 도구로 자리 잡았다. 그러나 이렇게 되기까지는 오랜 시간이 걸렸다.

1980년대에 개발된 내비게이션에는 GPS가 탑재되어 있지 않았으며 당시 내비게이션은 기계식으로 측정하여 정확성과 안정성이 떨어졌다. 1990년대가 되어서야 GPS가 탑재된 내비게이션을 상품화하는 데 성공했다.

현재 내비게이션 보급률은 매우 높지만, 관련 기술 연구는 미국에서 먼저 시작되었다. 개발을 주도한 것은 미국 국방부였다. 즉 군사적인 목적에서 내비게이션을 개발하기 시작한 것이다.

먼저 내비게이션의 역사부터 살펴보자.

🧩 내비게이션의 발전 역사

육해공군에는 각각 전투 차량, 전투기, 군함이 있다. 하나같이 지구 위의 위치 측정이 필요한 것들이다. 특히 군함을 비롯한 선박을 이동할 때 위치 측정은 매우 중요한 일이었다.

옛날부터 배로 지구 위를 이동해 왔던 인류에게 정확한 위치 측정은 오랜 염원이나 다름없었다.

제2차 세계대전 중 먼저 지상 송신국으로부터 받은 전파를 사용해 선박의 위치를 측정하는 연구를 시작했다. 그리고 1942년에 미군은 로란(Loran : Long Range Navigation)이라고 불리는 시스템을 개발해 주요 전투 지역에 배치했다. 로란은 몇 개의 송신국에서 보낸 전파를 수신한 후 수신하기까지 걸린 시간으로 위치를 산출하는 것으로, 오늘날 GPS의 원형이라고 할 만한 시스템이었다.

1957년 소련이 세계 최초로 스푸트니크 인공위성을 성공적으로 우주에 쏘아 올림으로써 세계는 우주시대에 돌입했다. 그리하여 미국을 중심으로 인공위성을 이용한 전파 송신국을 지상에서 우주로 옮기려는 움직임이 나타나기 시작했다.

미군은 NNSS(Navy Navigation Satellite System)를 개발해 1967년 민간에 개방했다. NNSS는 몇 기의 인공위성에서 전파를 수신해 몇 시간마다 위치를 측정할 수 있는 장치였다. 1990년 무렵에는 약 10만 척의 상선이 이용할 만큼 널리 보급되었다.

미 공군은 전투기의 위치를 정확히 측정할 수 있도록 해군과 협력해 새로운 GPS를 개발하기 시작했다. 미 공군과 육군의 합작 연구는 20년의 세월을 거쳐 성과를 거두었다. 1993년에 미군은 새로운 GPS를 채택한다고 공식적으로 발표했다. 마침내 전 지구에서 실시간으로 위치를 측정할 수 있게 된 것이다.

1990년대에 미군이 만든 새로운 GPS를 미국보다 한발 앞서 민간용으로 개발해 차량 내비게이션에 적용한 나라가 일본이다.

그런데 당시 미국 정부는 기술을 전부 공개한다고 했지만 실제로는 완전히 공개하지 않았다. 위치가 너무 정확하게 알려지면 오히려 좋지 않은 상황을 초래할 수 있다고 여겼기 때문이다. 그래서 미국은 인공위성이 쏘는 전파에 일부러 방해 전파를 추가했다. 그 결과 최대 100미터의 오차가 발생했다. 옛날 내비게이션이 정밀도가 낮은 이유가 바로 여기에 있다.

그러다가 2000년에 클린턴 대통령이 방해 전파를 제거하라고 지시하여 내비게이션의 정밀도는 오차 범위 10미터로 높아졌다. 현재 일본의 내비게이션에는 오차를 좀 더 줄이는 기술이 탑재되어 있기 때문에 실제 오차는 10미터도 채 안 된다.

현재 GPS 위성은 6개의 다른 궤도 위에 4기씩 배치되어 있다. 그리고 합계 약 30기의 인공위성이 전 지구를 커버하고 있다.

이 위성들은 30만 년에 1초의 오차가 나는 세슘(cesium) 원자시계[13]

를 탑재하고 약 12시간을 주기로 지구를 한 바퀴 돌면서 지구 전체를 향
해 전파를 보내고 있다.

---

13) 세슘은 알칼리 금속 원소의 하나. 원자시계는 원자나 분자의 고유 진동수가 영구히
   변하지 않는다는 것을 이용하여 만든 특수 시계다. 세슘 원자의 진동수를 이용해
   만든 세슘원자시계는 정밀도가 매우 높아 각국 표준시의 기준으로 채택되었다.

✤ GPS의 근본 이론

이상으로 GPS가 탄생한 배경과 시장에 진입하기까지의 과정을 살펴 보았다. 그런데 GPS가 발신하는 전파란 도대체 어떤 것일까?

우선 GPS 위성이 보내는 전파에는 '탑재된 세슘원자시계의 시각과 위성의 장소를 표시하는 정보'가 디지털 정보로 포함되어 있다.

한편 자동차에 붙어 있는 GPS 장치는 안테나를 통해 이러한 정보를 수신한다. 그런데 수신할 때 위성 하나의 전파만 수신하는 것이 아니다.

예비기를 포함한 약 30기의 위성 가운데 3기의 위성이 발신하는 전파를 동시에 수신해야 차의 위도와 경도를 산출할 수 있다.

현재 GPS 위성은 궤도경사각(지구적도면과 궤도면의 경사각도)이 약 55도인 6개의 궤도면을 타고 지구 주위를 빙글빙글 돌고 있다. 덧붙여 이 인공위성에는 미국 외에 다른 나라가 쏘아 올린 것도 있다.

고도 2만 킬로미터 상공에서 12시간 주기로 지구 주위를 돌고 있는 위성은 한 방향이 아니라 전 방위로 전파를 보내고 있다. 마치 밤하늘을 수놓는 불꽃처럼. 레이저광선 쏘듯 한 방향으로만 쏘는 것이 절대 아니다. 언제든, 어느 경우든 위성은 모든 방향을 아우르며 전파를 보내고 있다.

자, 이제부터가 중요하다.

앞에서 위성 3기의 시각 및 궤도 정보를 수신한다고 설명했다. 우선 첫 번째 GPS 위성과 두 번째 위성에서 동시에 전파를 수신한다고 가정해 보자.

전파는 전 방위로 송신되기 때문에 공처럼 둥근 형태를 이룬다. 이 2개의 공(전파)이 겹치는 부분은 원이 된다.

그렇다면 이 두 전파를 수신한 차는 겹친 원의 원주상 어딘가에 있다는 말이 된다. 하지만 이것만으로 장소를 정확하게 알기는 어렵다.

그러면 세 번째 GPS 위성으로부터 전파를 수신한다고 가정하자.

세 번째의 공(전파)과 먼저 두 전파가 겹쳐 생긴 원이 포개지면 다음 그림과 같은 모양이 된다. 원과 구가 두 점에서 만난다. 즉 3개의 공이 교차하는 두 점 가운데 어느 한 점의 장소에 차가 있다는 말이 된다.

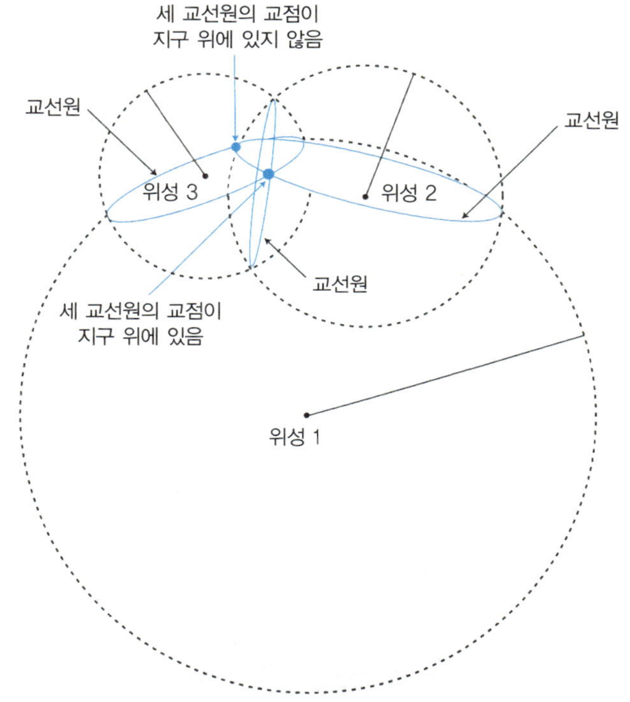

교점(交點) : 둘 이상의 선이 서로 만나는 점.
교선(交線) : 둘 이상의 도형이 교차할 때 생기는 직선 또는 곡선.

그리고 차가 달리는 땅이 지구라는 구면 위에 있으므로 이것을 네 번째 공으로 보면 차의 위치는 두 교점 중 어느 하나로 좁혀진다. 이것을 연립방정식으로 풀면 지구 위 차의 위치를 알 수 있다.

그러나 실제로는 정밀도를 높이기 위해 제4의 GPS 위성이 쏘는 전파를 수신한다. 왜냐하면 GPS 위성에 극히 정밀도가 높은 원자시계가 탑재되어 있는 데 반해 자동차 내비게이션에는 원자시계보다 정확하지 않은 쿼츠 시계[14]가 탑재되어 있기 때문이다.

그런데 전파를 수신하여 무엇을 알 수 있을까? 위성에 있는 시계와 자동차에 있는 시계가 가리키는 시각의 차이, 즉 시간 차를 알 수 있다. 거기에 빛의 속도(초속 약 30만 킬로미터)를 곱하면 위성과 자동차의 거리를 계산할 수 있다.

잠수함을 예로 들면 쉽게 이해할 수 있을 것이다. 잠수함은 바닷속에서 적의 잠수함을 소리로 찾아낸다. 음파는 GPS 인공위성과 마찬가지로 전 방위로 송신된다. 잠수함의 마이크로 음파가 되돌아오는 시간과 각도를 조사한다. 계산상으로는 음파의 속도에 '갔다가 되돌아오는 왕복 시간÷2'를 곱하면 거리를 알 수 있다.

참고로 물속에서 전달되는 소리의 속도는 공기 속 전달 속도의 4.5배로 초속 약 1,400미터다. 전파를 수신해서 지구 위에 있는 자동차 GPS 시계와 위성이 보낸 정보의 시간의 오차를 보는 것이다.

예를 들어 위성과 차의 시각 차가 1초라면 거리로는 약 30만 킬로미터 떨어져 있다는 사실을 알 수 있다.

이처럼 시각, 시간의 차이 등으로 만들어진 연립방정식을 단숨에 풀고 차의 현재 위치를 산출하는 것이다. 이 모든 것이 굉장하지만 이대로는 아직 정확한 결과라고 할 수 없다.

---

14) Quartz Watch는 수정진동자(水晶振動子)를 이용하여 전지로 작동하는 시계다.

✿ 상대성이론의 의외의 활용법

아직 정확하다고 할 수 없는 이유는 무엇인가? 위성이 우주라고 하는 특수한 공간에 있기 때문이다. 우주에 있기 때문에 지상에 있을 때와 달리 중력의 영향을 받지 않는다. 게다가 위성은 엄청나게 빠른 속도로 움직인다. 이 2가지 사실 때문에 위성의 시각과 지상의 시각 사이에 차이가 생기고 만다. 그러므로 위성이 보낸 정보를 그대로 사용해서는 안 된다.

빠르게 움직이는 위성에 탑재된 시계는 지구의 시계보다 천천히 간다.

무슨 말인지 금세 이해하기 어려울지도 모르겠다. 확실히 어딘가 좀 이상한 이야기다.

이 현상을 설명한 것이 바로 아인슈타인의 특수상대성이론이다.

아인슈타인은 빛의 속도는 불변이며, 지금까지 불변이라고 여겼던 시간, 무게, 길이가 반드시 일정한 것은 아니라고 설명한다. 빛의 속도가 불변이라는 말은 우리가 매우 빠른 속도로 달리면서 빛을 관측하건 정지한 상태에서 빛을 관측하건 관측된 빛의 속도는 일정하다는 뜻이다.

그렇다면 시간이나 무게는 일정하지 않다는 말의 의미는 무엇일까? 역에 서서 기차를 보고 있다고 가정해 보자. 정지한 상태에서 달리는 기차를 보면 서 있는 기차를 볼 때보다 길이가 짧아진다(실제로는 줄어든 길이가 너무 짧아 판별할 수 없다). 그러나 기차에 탄 사람이 봤을 때는 달리고

있을 때나 멈춰 있을 때나 마찬가지다. 기차를 인공위성으로 바꾸어 생각해 보면, 엄청나게 빠른 속도로 움직이고 있는 위성에 탑재된 시계는 지구의 시계에 비해 느리게 간다.

이는 매우 곤란한 현상이다. 시계 오차가 1만분의 1초만 생겨도 거리상으로는 30만 킬로미터의 오차가 생기기 때문이다. 실제로 인공위성의 시계와 지구에 있는 시계의 오차는 얼마나 될까. 위성은 고도 약 2만 킬로미터의 우주 공간을 초속 3.88킬로미터로 질주하고 있기 때문에 지구에 있는 시계보다 1조분의 83배 느리다. 이것은 결코 작은 숫자가 아니다.

그런데 이것은 중력이 없다는 특별한 전제 아래 나온 것이다. 그래서 '특수' 상대성이론이다.

그러나 지구에는 중력이 있다. 지상의 자동차와 인공위성에는 지구의 중력이 작용한다. 이 문제는 '일반' 상대성이론으로 해결할 수 있다.

1665년, 뉴턴이 '만유인력의 법칙'을 발표함으로써 인류는 중력을 향해 한 걸음 크게 내딛었다. 아인슈타인은 특수상대성이론을 발표한 지 10년 후 "중력이 왜 인력인가?"라는 수수께끼에 도전해 '일반상대성이론'을 발표한다.

일반상대성이론은 간단하게 말해 "중력이 있으면, 즉 물질이 있으면 그 물질 주변의 시간과 공간이 뒤틀려 시간의 흐름이 바뀐다."라는 이론이다.

앞에서 소개한 특수상대성이론에서 빛은 똑바로 나아간다. 그러나 일반상대성이론으로 보면 빛도 휘어져 나아가는 듯이 보인다. 물론 빛은 똑바로 나아간다. 단지 휘어진 것처럼 보일 뿐이다.

영국의 천문학자 아서 에딩턴(Arthur Eddington, 1882~1944)이 1919년에 이를 증명했다. 에딩턴은 태양 가까이 보이는 별을 점찍어 두고 개기일식에 그 별이 어떻게 보이는지 실험했다. 개기일식이 되자 그 별은 항상 보이던 장소가 아닌 다른 곳에서 발견되었다. 아인슈타인이 상대성이론에 근거해 몇 도, 몇 초의 차이가 생기는지 공표했던 대로 차이가 생긴다는 사실이 판명된 순간이었다.

인공위성에는 중력이 작용하기 때문에 인공위성의 시계는 지구에 있는 시계보다 하루에 1조분의 528배 빠르다.

내용이 조금 까다롭지만 정리하면 다음과 같다.

① 특수상대성이론에 따르면 인공위성의 시계는 지구에 있는 시계에
비해 1조분의 83배 늦다.

② 일반상대성이론에 따르면 인공위성의 시계는 지구에 있는 시계에
비해 1조분의 528배 빠르다.

차이를 계산하면 인공위성에 탑재된 시계는 지구에 있는 시계보다
1조분의 445배 빠르게 가는 것처럼 보인다.

이를 무시하고 계산하면 큰일이 벌어진다.

하루는 8만 6,400초다. 8만 6,400초의 1조분의 445배는 1만분의
0.385초다. 거리로 환산하면 1만분의 1초가 빛의 30 킬로미터에 해당하

므로 약 11.5킬로미터가 된다. 하루에 11.5킬로미터면 매우 큰 오차다!

GPS의 계산 능력은 참으로 감탄스럽다.

3기의 인공위성에서 각각 시각과 궤도의 정보를 수신해 지구의 중심에서 인공위성까지의 거리를 연립방정식으로 풀어 위치를 계산한다.

게다가 인공위성이 우주라는 특수한 공간에 있다는 점을 고려해, 특수상대성이론과 일반상대성이론의 2가지 이론을 구사해 인공위성과 지상의 시간 오차를 보정한다.

매우 놀라운 기술이 아닐 수 없다.

자신의 위치를 알고자 하는 바람

앞에서 설명한 것처럼 GPS 연구는 원래 군사 목적에서 시작되었지만, 그 기원을 거슬러 올라가 보면 자신의 위치를 알고자 하는 인간의 오랜 염원에서 시작된 것임을 알 수 있다.

인간은 하늘을 날고 바다를 건너며 마침내 우주를 탐사하기까지 줄곧 자신이 있는 곳을 개척해 왔다. 어디에 있든 인간은 자신이 지금 어디에 있는지 알고자 했다. 그래서 인류는 지혜를 모아 방법을 찾아냈다.

2,200년 전에 에라토스테네스는 햇빛을 이용해 지구의 둘레를 구했다. 대항해시대에 네이피어는 선원과 천문학자를 도우려고 로그를 만들어 냈다.

오늘날 GPS의 바탕을 이루는 그 까다로운 계산은 컴퓨터라는 초고속 계산기가 대신하고 있다.

앞으로 GPS는 인공위성이나 로켓의 자주 궤도 추적, 우주비행체의 랑데부 도킹, 항공기의 자동 이착륙, 자동차 정밀 내비게이션, 댐 및 교량의 변형 연속 관측, 지각 변동 관측, 지진 및 화산 분출 예보 등 다양한 분야에서 활용될 것으로 전망된다.

자동차 내비게이션을 영어로는 'Satellite navigation system(위성항법장치)'이라고 한다. 이 navigation이라는 단어는 원래 항해, 항해술이라는 뜻이다.

앞으로도 인류는 우주까지 활동 거점을 넓혀 나갈 것이다. 그러나 지구라는 베이스캠프를 좀 더 정확하게 알고자 하는 바람을 잃지는 않을 것이다.

차를 탔을 때 내비게이션이 보인다면 GPS의 장대한 이야기를 떠올려주기 바란다. 지금도 GPS 위성은 우리가 타는 자동차에 끊임없이 정보를 보내고 있다.

재치 있는 명언이 인상적인 아인슈타인

1905년, 무명의 젊은이가 「특수상대성이론」, 「광양자 가설[15]」, 「브라운운동[16]」이라는 세 논문을 연달아 발표했다. 훗날 20세기의 모습을 결정했다고 해도 손색이 없을 만큼 경이로운 이론들이었다. 1905년은 그야말로 '기적의 해'였다.

이 젊은이가 바로 오늘날 천재의 대명사로 알려진 아인슈타인(Albert Einstein, 1879~1955, 독일)이다. 아인슈타인은 다섯 살이 되도록 말을 제대로 하지 못했다. 그러나 아인슈타인에 버금가는 업적을 남긴 사람 가운데 아인슈타인만큼 재치 있고 가슴을 울리는 명언을 남긴 사람도 없다. 몇 가지 소개하면 다음과 같다.

"내게 특수한 재능은 없다. 단지 열광적인 호기심이 있을 뿐이다."

"마음은 때로 지식을 초월한 높은 곳을 향해 올라간다. 왜 거기에 다다랐는지 증명하지는 못한다. 그러나 모든 위대한 발견은 이런 비약의 결과다."

"내게 죽음은 모차르트를 듣지 못하게 된다는 것을 의미한다."

어느 말에서나 아인슈타인의 재치와 더불어 연구를 향한 열정이 고스란히 느껴진다.

---

15) 빛이 에너지를 갖는 입자(광양자, photon)로 이루어져 있다는 가설.

16) 영국의 식물학자 브라운은 물 위에 뜬 꽃가루가 매우 무질서하게 움직인다는 사실을 밝혀내고 브라운운동이라고 이름 붙였다. 아인슈타인의 논문은 브라운운동의 원리를 수학적으로 설명한 것이다.

4

이진법은
컴퓨터를
움직인다

컴퓨터는 왜 쓰다 보면 느려질까?

호기심아저씨 황당 박사님, 컴퓨터 사용하시죠?

황당 박사 예, 컴퓨터야 매일 사용하죠.

호기심아저씨 우리 집에도 한 대 있습니다. 인터넷을 하거나 기획서 만들 때 쓰고 있어요. 근데 요즘 컴퓨터 상태가 영 나빠서……

황당 박사 오래된 기종인가요?

호기심아저씨 어디 보자, 5년 전에 나온 거니 꽤 오래됐군요. 그런데 컴퓨터 상태는 왜 나빠지는 겁니까? 메모리에 원인이 있는 건가요?

황당 박사 맞습니다. 램(RAM)이라는 메모리 문제가 크지요.

호기심아저씨 램? 그게 뭐죠? 얼핏 들은 기억은 있는데.

황당 박사 램은 랜덤 액세스 메모리(Random Access Memory)를 의미합니다. 컴퓨터의 처리 능력을 결정하는 중요한 부품이지요.

호기심아저씨 그렇군요. 컴퓨터 사용하는 건 이제 어지간히 익숙해졌는데 구조나 원리에 대해선 여전히 까막눈이라서 대체 뭐가 어떻게 돌아가는지 잘 모르겠습니다.

황당 박사 컴퓨터의 기본이 트랜지스터라는 사실은 아시나요?

호기심아저씨 트랜지스터? 트랜지스터라디오의 그 트랜지스터를 말하는 건가요?

황당 박사 맞습니다. 바로 그 트랜지스터를 말하는 겁니다. 간단히 말해 트랜지스터에는 전류 값을 증폭시키는 기능과 전류를 흐르게 하는 스위치 기능이 있습니다. 전자를 이용한 것이 라디오고 후자를 이용한 것이 컴퓨터의 메모리지요.

호기심 아저씨 이거 참 창피한 이야기지만, 지금까지 전혀 몰랐습니다. 오늘 처음 알았어요. 그래도 역시 컴퓨터 구조는 복잡하겠지요?

황당 박사 그게 그렇지 않아요. 컴퓨터도 전자계산기라고 보면 됩니다. 전기 신호로 디지털 신호를 처리하는 기계로 CPU, RAM, ROM, 인터페이스 등으로 구성된 시스템입니다. 확실히 조립이나 프로그래밍은 복잡합니다만 기본 원리는 매우 간단합니다.

호기심 아저씨 저같이 나이 많은 사람도 금세 알 수 있을 정도로요?

황당 박사 물론이지요. 설명해 드릴까요?

호기심 아저씨 예. 제가 이해하기 쉽게 풀어서 설명해 주시면 좋겠군요.

🧩 디지털은 의외로 간단하다!

팩시밀리와 달리 컴퓨터는 자판에 문자나 숫자를 입력해도 입력한 그 대로 문자가 반영되지 않는다. 즉 모든 문자는 컴퓨터 안에서 0과 1이라는 숫자로 변환되어 처리된다. 이 수를 진수라고 한다.

예를 들어 일본어 문자는 세 단계를 거쳐 0과 1이라는 이진수로 변환된다. 우선 ① 문자의 종류나 컴퓨터의 종류에 따라 ACS II, JIS 등의 변환 방식(문자 코드)을 선택한 다음에 ② 십육진수로 변환된다.

십육진수는 1부터 9까지의 숫자와 A부터 F까지의 알파벳으로 이루어진다. 10 이상의 수를 A부터 F까지의 알파벳으로 대치한다.

0, 1, 2, 3, 4, 5, 6, 7, 8, 9

A(10), B(11), C(12), D(13), E(14), F(15)

이 규칙을 따라가면 16은 '10'이 되고, 17은 '11', 25는 '19', 30은 '1E'가 된다.

일찍이 워드프로세서가 출시되었을 무렵 '한자 변환표'라는 것이 같이 나왔다. 한자 변환표는 '鍵(건)=5DEF'라는 식으로 한자를 숫자와 알파벳으로 변환한 목록을 적어 놓은 일람표다.

자판에 어떤 문자를 입력하면, 컴퓨터 안에서 3E5B 등의 십육진수로 변환된다. 이렇게 변환된 수를 컴퓨터는 ③ 다시 이진수로 변환한다.

이진수는 이진법으로 나타낸 수다. 이진법은 0과 1만으로 숫자를 표기하는 방법이다.

참고로 3E5B를 이진수로 변환하면 0011 1110 0101 1011이 된다.

이렇게 문자는 컴퓨터 안에서 순식간에 십육진수에서 이진수로 변환되어 처리된다.

그러면 일상에서 사용하는 숫자는 어떠한가?

일상생활에서는 0에서 9까지의 숫자 10개를 사용한 십진수를 쓰고 있다. 우리가 숫자를 셀 때 손가락 10개를 사용해 왔기 때문이다.

컴퓨터에는 손가락이 없기 때문에 십진수로 숫자를 세지 못한다. 인간의 손가락에 해당하는 것이 전선인데 컴퓨터는 전선에 전기가 흐르고 있는지 그렇지 않은지를 식별해서 숫자를 센다.

흔히 컴퓨터는 디지털이고 인간은 아날로그라고 말하지만, 디지털(digital)이란 말은 원래 '손을 꼽아 세다(digit).' 라는 말에서 유래했다.

손가락을 쓰느냐 전선을 쓰느냐 하는 차이는 있지만, 인간이나 컴퓨터나 숫자를 세는 방식은 크게 다르지 않다.

그럼 여기서 십진수를 이진수로 고치면 어떻게 되는지 확인해 보자.

이진수와 십진수의 비교 표

이진법	십진법	이진법	십진법
0	0	1000	8
1	1	1001	9
10	2	1010	10
11	3	1011	11
100	4	1100	12
101	5	1101	13
110	6	1110	14
111	7	1111	15

십진수 1234는 $1234_{(10)}$라고 표기한다. $1234_{(10)}$처럼 숫자 뒤에 (N)이 붙어 있으면 N진법으로 숫자를 센다는 의미가 된다.

1234원은 1000원 1장, 100원 동전 2개, 10원 동전 3개, 1원 동전 4개다. 이것이 십진법으로 계산한 십진수다.

수를 세는 방법을 기수법이라고 한다. 그리고 기수법 덕분에 작은 수로 큰 수를 나타낼 수 있다.

예를 들어 십진법은 10개의 수(10개의 손가락)로 자릿수를 정해 어떤 수라도 나타낼 수 있다. 1원, 10원, 100원, 1000원은 각각 10^0, 10^1, 10^2, 10^3으로 쓸 수 있다.

따라서 십진수 1234는 다음과 같이 표시할 수 있다.

$$1234_{(10)} = 1 \times 10^3 + 2 \times 10^2 + 3 \times 10^1 + 4 \times 10^0$$

이진수 1101을 십진수로 변환하면 다음과 같다.

$$
\begin{aligned}
1101_{(2)} \; &= 1 \times 2^3 + 1 \times 2^2 + 0 \times 2^1 + 1 \times 2^0 \\
&= 8 + 4 + 0 + 1 \\
&= 13_{(10)}
\end{aligned}
$$

하나 더 연습해 보자.

$$
\begin{aligned}
10101_{(2)} &= 1 \times 2^4 + 0 \times 2^3 + 1 \times 2^2 + 0 \times 2^1 + 1 \times 2^0 \\
&= 16 + 0 + 4 + 0 + 1 \\
&= 21_{(10)}
\end{aligned}
$$

이번에는 십진수를 이진수로 바꿔 보자.

십진수를 이진수로 바꾸려면 2로 계속 나누어 가면서 나눌 때마다 생긴 나머지를 밑에서부터 늘어놓으면 된다.

예를 들어 26을 계산해 보자.

$$2)\underline{\,26\,}$$
$$2)\underline{\,13\,} \cdots\cdots 0$$
$$2)\underline{\ \ 6\ } \cdots\cdots 1$$
$$2)\underline{\ \ 3\ } \cdots\cdots 0$$
$$2)\underline{\ \ 1\ } \cdots\cdots 1$$
$$\quad\ \ 0 \ \cdots\cdots 1$$

오른쪽에 적은 나머지를 밑에서부터 읽으면 11010이 된다. 이것이 26의 이진수다.

만약을 위해 검산해 보자.

$$11010_{(2)} = 1\times2^4 + 1\times2^3 + 0\times2^2 + 1\times2^1 + 0\times2^0$$
$$= 16+8+2$$
$$= 26_{(10)}$$

이것은 다시 다음과 같이 된다.

$$26_{(10)} = 13\times2+0$$
$$= (6\times2+1)\times2+0$$

$$=6 \times 2^2 + 1 \times 2 + 0$$

$$=(3 \times 2 + 0) \times 2^2 + 1 \times 2 + 0$$

$$=3 \times 2^3 + 0 \times 2^2 + 1 \times 2 + 0$$

$$=(1 \times 2 + 1) \times 2^3 + 0 \times 2^2 + 1 \times 2 + 0$$

$$=1 \times 2^4 + 1 \times 2^3 + 0 \times 2^2 + 1 \times 2 + 0$$

$$=11010_{(2)}$$

까다롭게 보이지만 의외로 규칙은 간단하다.

그런데 컴퓨터는 왜 이진법을 사용할까. 그 이유는 전류가 흐르고 있는 상태를 1, 전류가 끊긴 상태를 0으로 판단해 처리하도록 컴퓨터를 만들었기 때문이다.

복잡하게 보이는 컴퓨터도 기본 원리를 들여다보면 전류가 흐르는 ON 상태, 흐르지 않는 OFF 상태를 복잡하게 짜 맞추고 있을 뿐이다. 이것이 컴퓨터의 참모습이다.

✤ 컴퓨터를 움직이는 3개의 회로

이제 컴퓨터(전자계산기)가 어떻게 계산(연산)을 하는지 살펴보자.

연산은 연산회로를 통해 이루어진다. 기본 연산회로에는 AND 회로, OR 회로, NOT 회로 3개가 있다. 이 연산회로들의 작동 원리를 전구, 전지, 전선, 스위치로 구성된 간단한 회로를 통해 알아보자.

연산회로에는 입력(문제)과 출력(결과)이 따른다. 스위치가 입력, 전구가 출력에 해당한다. 스위치를 누른 상태(ON)와 누르지 않은 상태(OFF), 전구에 불이 켜질 때와 켜지지 않을 때를 각각 1과 0으로 나타내기로 한다. 전구가 켜지는지 켜지지 않는지를 보면 컴퓨터 작동의 기본 원리를 간단히 알 수 있다.

AND 회로는 다음 그림과 같은 구조로 되어 있다. AND 회로는 전구와 전지 사이를 잇는 2개의 스위치, A와 B를 직렬로 연결한 회로다. 여기서는 한쪽 스위치만 누르면 전구에 불이 들어오지 않는다. 스위치 양쪽을 다 눌러야 비로소 전구가 켜지므로 다음과 같은 결과를 얻을 수 있다.

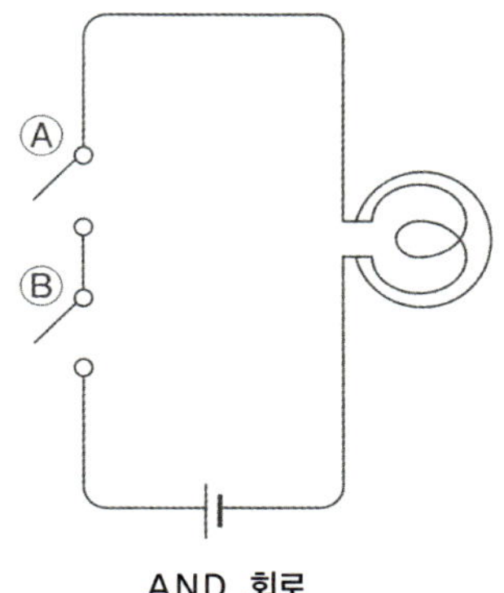

AND 회로

AND 회로의 규칙

입력 A	입력 B	출력 A AND B
0	0	0
0	1	0
1	0	0
1	1	1

이어서 OR 회로를 살펴보자.

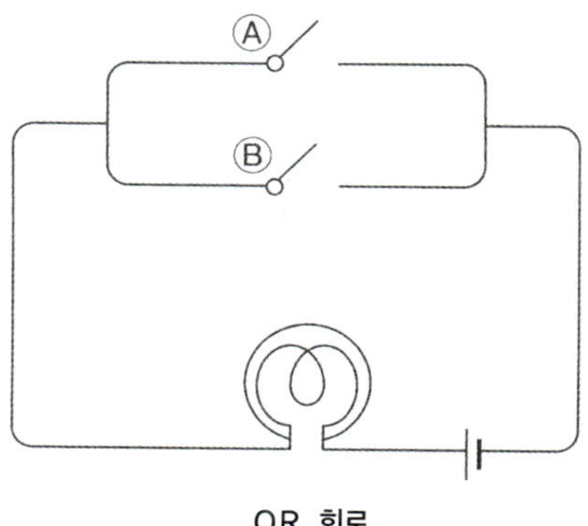

OR 회로

전구와 전지를 잇는 전선을 둘로 갈라 스위치를 병렬로 붙인 회로다. 여기서는 스위치를 한쪽만 누르든 양쪽을 다 누르든 불이 들어온다.

아무 스위치도 누르지 않았을 때만 불이 켜지지 않으므로 OR 회로의 규칙은 다음과 같다.

OR 회로의 규칙

입력 A	입력 B	출력 A AND B
0	0	0
0	1	1
1	0	1
1	1	1

다음은 NOT 회로다.

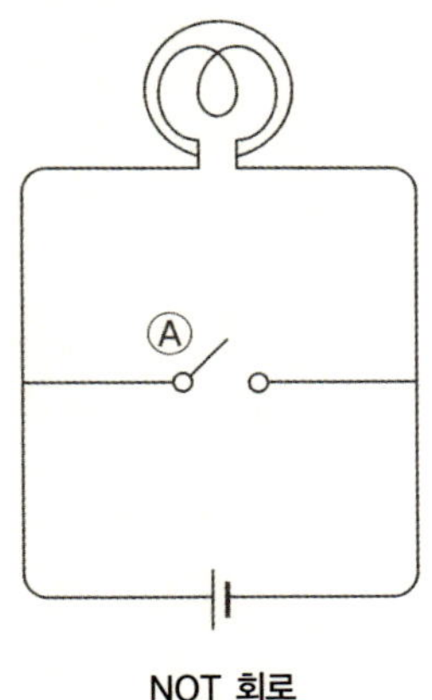

NOT 회로

NOT 회로의 규칙

입력 A	출력 A의 부정
0	1
1	0

전지에 전구를 연결하지 않는다. 선의 중간에 스위치가 있기 때문에 스위치를 누르면 전구 불빛은 사라지고 스위치를 떼면 전구가 켜진다.

회로를 통해 입력에 대한 결과가 나온다. 이 전지와 전구의 관계, 즉 ON이 1, OFF가 0인 구조가 컴퓨터를 작동시키는 기본 원리다. 컴퓨터의 CPU(Central Processing Unit, 중앙처리연산장치)에는 이 3가지 회로를 조합한 것이 무수히 많다.

덧셈을 예로 들어서 3가지 회로가 어떻게 합쳐져 하나의 회로가 되고 어떻게 계산을 해 나가는지 알아보자.

2+6=8의 계산을 한다고 가정하자.

이것을 이진수로 고치면 다음과 같다.

0010(A) + 0110(B) = 1000

여기서는 A, B 각각의 10의 자리를 눈여겨본다.

손으로 직접 계산해 보면 다음과 같다.

$$
\begin{array}{r}
0010 \cdots A \\
+\,)\;0110 \cdots B \\
\hline
1000
\end{array}
$$

직접 계산할 때는 자릿수가 작은 쪽부터 계산한다. 컴퓨터도 마찬가지다.

덧붙여 이진수의 덧셈에는 다음과 같은 규칙이 있다.

0+0=0

1+0=1

0+1=1

1+1=10

AND 회로, OR 회로, NOT 회로의 규칙에도 1과 0이 나오지만 그것은 곱셈 규칙이고 이것은 덧셈 규칙이다.

이 사실을 알고 다음 그림을 보고 밑에서부터 살펴보자.

A+B의 1의 자리는 0이므로 10의 자리로 올라가는 수도 0이다.

A+B의 10의 자리는 A와 B가 각각 1이다.

그러면 AND 회로, OR 회로, NOT 회로의 규칙을 따라 1이나 0의 수가 나온다.

그런데 10의 자리를 계산할 때는 1의 자리에서 올라온 수도 계산(여기서는 0이지만)하므로 동시에 전기가 흐르는 도미노처럼 계산된다.

A + B = 0010 + 0110 = 1000
A의 천의 자리 0
B의 천의 자리 0
전가산회로
천의 자리 1
1 올림
A의 백의 자리 0
B의 백의 자리 1
전가산회로
백의 자리 0
1 올림
전가산회로
A의 십의 자리 1
B의 십의 자리 1
반가산회로
반가산회로
십의 자리 0
0 올림 없음
A의 일의 자리 0
B의 일의 자리 0
올림 없음
전가산회로
일의 자리 0

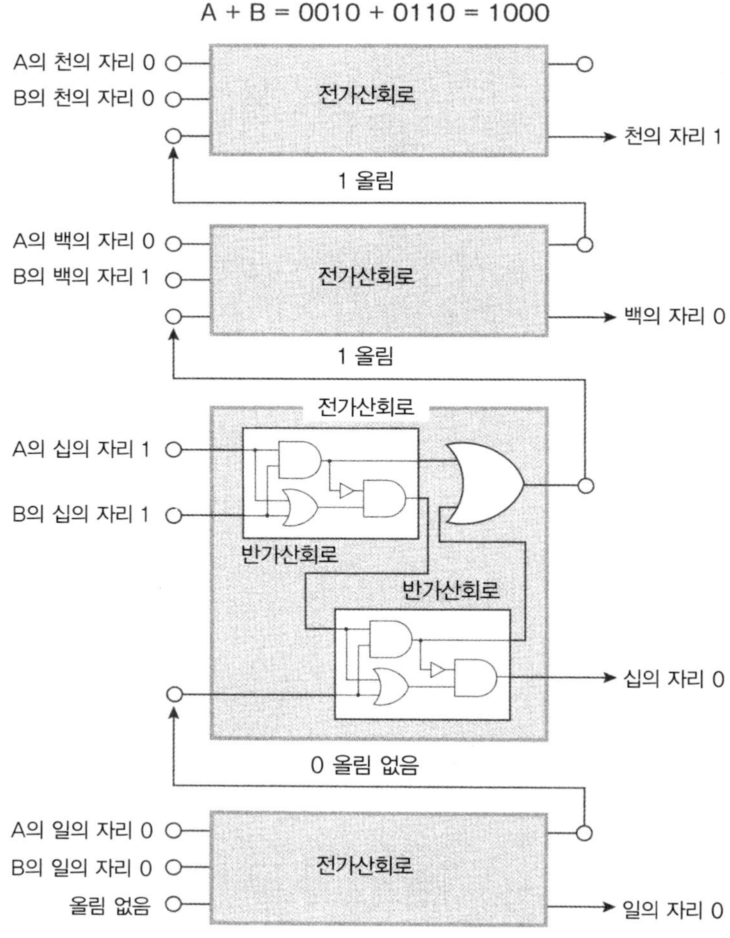

가산회로의 기본 구조

이와 같이 컴퓨터 안에서 이진법으로 계산되어 나온 답은 당연히 이진수이지만 모니터 화면에는 다시 십진수로 변환되어 출력된다.

지금까지 살펴본 것처럼 연산 구조는 우리의 예상보다 훨씬 간단하다. 컴퓨터의 원리를 어렵게 생각할 필요가 없다. 컴퓨터의 두뇌에 해당하는 CPU는 기본적으로 3개의 연산회로로 이루어져 있으며 그것을 조합하여 복잡한 계산을 실행한다.

컴퓨터는 우리가 다 아는 구구단조차 알지 못한다. 이런 점에서 보면 오히려 인간의 두뇌가 컴퓨터보다 훨씬 뛰어나다고 할 수 있다.

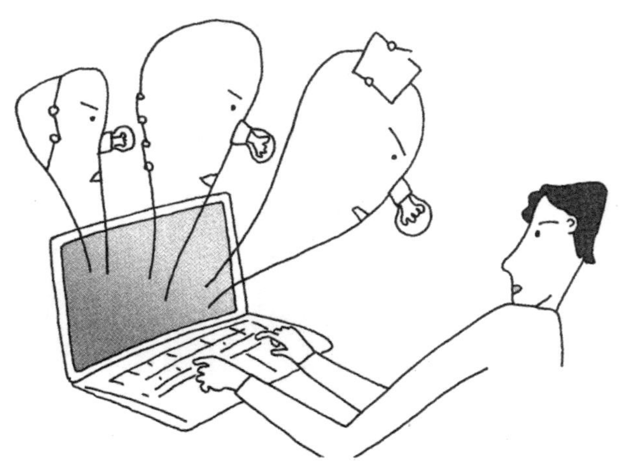

컴퓨터 안은 어떻게 이루어져 있을까?

지금까지 숫자와 문자가 컴퓨터 안에서 0과 1로 이루어진 이진수로 변환하여 처리된다는 사실을 설명했다. 이제부터 컴퓨터의 전체 구조를 간단히 살펴 보자.

컴퓨터는 사실 인간을 모티프로 삼아 만든 것이다.

컴퓨터에 8+5를 입력(input)하면 앞에서 말한 연산회로가 모인 IC(Integrated Circuit, 집적회로)에 전달되어 13이라는 답을 출력(output)한다.

인간도 오감을 통해 '춥다', '아프다' 등의 정보를 입력하면 그 정보가 뇌에 전달되어 '이야기하다', '걷다' 등의 행동을 결과로 출력한다. 컴퓨터도 마찬가지다.

즉 컴퓨터의 행동은 인간의 행동을 흉내 낸 것이다. 컴퓨터는 CPU, ROM(Read Only Memory), RAM(Random Access Memory)이라는 IC와 인터페이스(인간과 컴퓨터를 연결해 주는 장치)로 이루어져 있다(그림 참조).

그리고 IC 안에는 수백만 개에 이르는 막대한 수의 트랜지스터가 들어 있고, 그 트랜지스터의 조합으로 복잡한 처리를 빠른 속도로 실행한다.

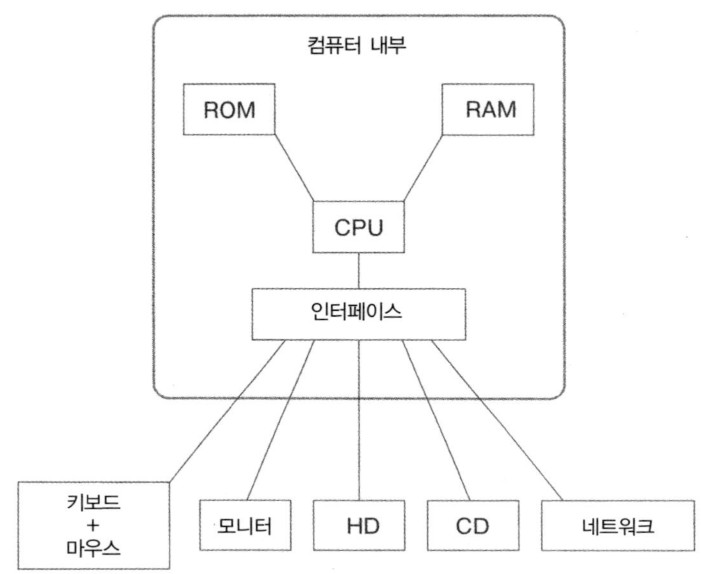

컴퓨터의 구조

CPU는 주로 연산을 실행한다. ROM과 RAM은 메모리 기능을 지닌 마이크로칩이다. 어느 것이나 트랜지스터 구조를 쓰고 있다.

그렇다면 트랜지스터란 무엇인가? 꽤 친숙한 단어이긴 하나 트랜지스터가 과연 무엇인지 제대로 알고 있는 사람은 아마 드물 것이다.

트랜지스터는 실리콘 반도체라는 광물로 이루어져 있다. 열이나 전기를 잘 전달하는, 즉 전도율이 높은 물질을 도체 혹은 전도체라고 한다. 반도체는 전달된 전기를 절반만 통과시킨다.

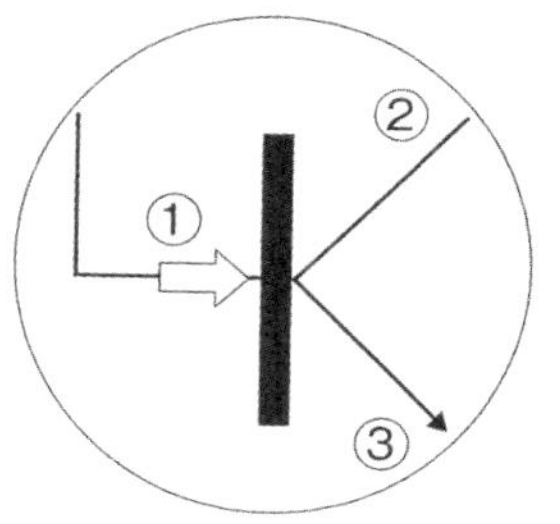

트랜지스터

　반도체는 왼쪽에서 전류가 흐르면 오른쪽에서는 전류가 흐르지 않는다. 트랜지스터는 이러한 반도체의 성질을 응용해 만들었다.

　그러면 트랜지스터는 도대체 어떤 구실을 할까. 트랜지스터에는 2가지 기능이 있다. 첫째, 트랜지스터는 증폭 작용을 일으켜 전류의 값을 크게 한다. 이 특성을 살려 만든 것이 트랜지스터라디오다. 둘째, 트랜지스터는 스위치 구실을 한다. 어떤 조건에서는 전기를 통과시키고, 어떤 조건에서는 전기가 흐르지 않게 하는 스위치 기능을 수행한다. 이 기능이 컴퓨터의 연산과 메모리에 사용된다.

　연산에서 스위치가 중요하다는 점은 이미 앞에서도 설명했다. 트랜지스터는 연산과 메모리(기억장치) 양쪽에 모두 쓰인다.

　예를 들어 키보드로 ‘3+5’라는 정보를 입력한다고 가정하자. 이것은 인터페이스를 통해 입력하는 것이다. 입력된 정보는 컴퓨터의 두뇌인 CPU에 전달된다. 정보를 전달받은 CPU는 메모리에 저장된 프로그램이나 데이터를 읽어 들여 연산 등의 처리를 하고 그 결과를 다시 메모리에 기록한다.

메모리는 일반적으로 바이트(byte) 단위로 데이터를 다루는데, 1바이트는 8비트(bit)다. 메모리는 어드레스[17]와 데이터가 짝을 이루어 기능을 수행한다.

그림에서 보듯 어드레스 0001에는 데이터 0010, 어드레스 0010에는 데이터 0001이라는 식으로 데이터는 숫자로 식별되는 어드레스에 보존된다.

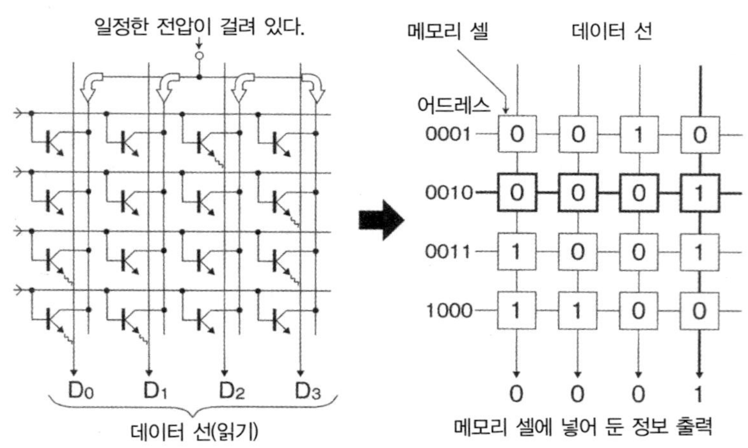

트랜지스터를 사용한 메모리의 구조

---

17) 메모리 어드레스(memory address)는 CPU나 다른 하드웨어가 데이터를 쓰거나 읽어 들인 메모리상의 위치를 식별할 때 쓴다.

이처럼 컴퓨터에는 트랜지스터의 스위치 기능을 사용하고 있다.

여기서 말하는 메모리는 기억장치를 의미한다. 메모리에는 자유롭게 데이터를 기록할 수 있는 RAM과 읽기 전용인 ROM 두 종류가 있다.

전원을 끄면 기억 내용이 사라지는 것이 RAM이고 전원을 꺼도 기억 내용이 사라지지 않는 것이 ROM이다. 현재 컴퓨터의 메인메모리(주기억장치)로 많이 쓰이는 DDR SDRAM(Double-Data-Rate Synchronous Dynamic Random Access Memory)은 RAM의 일종이다.

마지막으로 메모리의 크기와 컴퓨터의 처리 속도의 관계를 짚고 넘어가기로 한다.

구입한 지 5년 된 컴퓨터가 있다고 하자. 처음에 샀을 때는 데이터 양이 지금보다 적었기 때문에 원활히 작동했다. 그러나 지금은 한 번에 처리해야 하는 데이터의 양이 현저히 늘어나 예전보다 처리하는 데 시간이 많이 걸린다.

그렇다면 어떻게 해야 컴퓨터 속도가 빨라질까?

앞에서 설명한 것처럼 메모리는 컴퓨터 안 여기저기에서 사용된다. 특히 중요한 것은 하드디스크와 CPU다. 하드디스크는 자성(磁性)을 띠는 디스크에 자기(磁氣) 헤더라고 불리는 장치를 접근시켜 데이터를 읽고 쓴다. 이 디스크는 1분에 수천 번씩 끊임없이 회전하는데, 분당 회전수(rpm)가 크면 클수록, 즉 회전 속도가 빠르면 빠를수록 액세스 시간이 단축되고 처리 속도가 빨라진다.

또 이 하드디스크에는 일시적으로 데이터를 보관하는 캐시 메모리

(cache memory)가 있는데 이 캐시 메모리의 버퍼(buffer)[18] 용량이 클수록 처리 속도도 빨라진다.

컴퓨터 속도를 좌우하는 또 다른 메모리로 CPU의 캐시 메모리를 꼽을 수 있다. 하드디스크의 캐시 메모리와 마찬가지로 CPU 속에서 일시적으로 데이터를 저장하는 데 쓰인다. 고속으로 소용량의 데이터를 저장하는 1차 캐시(주 캐시)와 저속으로 대용량의 데이터를 저장하는 2차 캐시(보조 캐시)가 있다.

메모리 용량이 클수록 RAM까지 데이터를 받으러 가는 횟수가 줄어들어 컴퓨터 동작 속도가 빨라진다.

알맹이가 온통 메모리라고 해도 좋을 만큼 컴퓨터 안에는 다양한 메모리가 존재한다. 그리고 메모리 용량이 크면 클수록 컴퓨터는 빨라지고, 작으면 작을수록 컴퓨터가 느려진다. 따라서 컴퓨터의 동작 속도를 높이려면 메모리의 용량을 늘려야 한다.

오늘날 컴퓨터는 나날이 발전하고 있다. 속도는 빨라지고 용량은 커졌다. 30년 전의 컴퓨터 메모리는 킬로바이트(KB)에 불과했다. 지금은 기가바이트(GB)의 시대다. 킬로(10^3)에서 기가(10^9)까지 무려 100만 배나 커진 것이다.

고화질의 동영상을 원활하게 처리하려면 기억장치의 용량이 크고 속도도 빨라야 한다. 앞으로도 기억장치의 대용량화, 고속화 추세는 계속

---

18) 일시적인 기억 저장 장소.

될 것이다.

그러나 아무리 컴퓨터가 고도로 발달해도 그 토대가 이진법이라는 사실에는 변함이 없을 것이다. 또한 트랜지스터의 조합으로 이루어진 3가지 연산회로(AND 회로, OR 회로, NOT 회로)의 원리도 아마 바뀌지 않을 것이다.

이처럼 컴퓨터라는 기계를 떠받치는 토대 또한 수학의 힘(수와 논리)이란 사실을 기억하자.

최후까지
수학과 함께한
오일러

양친이 모두 성직자였기 때문에 오일러는 목사가 되는 것이 자신의 운명이라고 생각했다. 탁월한 언어 능력과 암기력, 계산 능력과 암산 능력을 지녔던 오일러(Leonhard Euler, 1707~1783, 스위스)는 14세에 스위스 바젤 대학교에 입학해 신학과 히브리어 공부를 시작했다. 그러나 그곳에서 오일러는 유명한 수학자 요한 베르누이(Johann Bernoulli, 1667~1748, 스위스)를 만나 수학에 눈을 떴다. 그리고 성직자가 아닌 수학자의 길을 선택하기로 결심한다.

만년에 이르러 오일러의 신변에 불행이 닥쳤다. 63세에 시력을 잃고 65세에 아내 카타리나와 사별했다. 그러나 오일러는 수학을 향한 열정을 잃지 않고 67세에 달의 운동에 관한 775쪽의 논문을 완성했다. 그는 마음의 눈으로 수학의 세계를 바라볼 줄 알았다.

그러나 수학의 여행자에게도 마지막이 찾아왔다. 그날 오일러는 손자에게 수학을 가르치고 있었다. 소파에 앉아 파이프로 담배를 피우던 오일러의 손에서 파이프가 떨어졌다. 그리고 바닥에 떨어진 파이프는 두 번 다시 주인의 손으로 돌아가지 않았다.

1783년 9월 18일, 76세의 오일러는 계산도 호흡도 멈추었다. 그는 마지막 순간까지 수학과 더불어 살았다.

5

인터넷 보안이 뭘까?

호기심아저씨   선생님, 제 말씀 좀 들어 보세요. 요즘 아내가 인터넷 쇼핑에 흠뻑 빠져서는 온종일 뭘 사들이기 바빠요.

황당 박사   그러시군요. 여자는 원래 쇼핑하는 걸 좋아한다고들 하지요.

호기심아저씨   어지간하면 저도 암말 안 하겠는데, 제겐 용돈도 병아리 눈물만큼 주면서 자긴 내키는 대로 돈을 펑펑 쓰지 뭡니까. 그래서 정신 좀 차리게 한마디했습니다.

황당 박사   하하. 뭐라고 하셨는데요?

호기심아저씨   그렇게 함부로 인터넷에다 카드 번호 입력했다가, 누가 그 카드 번호 빼돌려서 쓰면 어쩔 거냐고 했지요.

황당 박사   그랬더니요?

호기심아저씨   그랬더니 태평하게 보안 시스템이 깔려 있어서 아무 걱정할 게 없다고 하네요. 어찌나 얄미운지. 무슨 보안이냐고, 어디 한번 말해 보라고 소리치고 싶은 맘이 굴뚝같았지만 참았습니다.

황당 박사   하하. 그래도 용케 참으셨네요.

호기심아저씨   예, 그랬지요. 그런데 선생님. 보안 시스템이 깔려 있으면 정말 내가 입력한 정보를 다른 사람이 훔쳐 가지 못하나요?

황당 박사   예. 못 훔칩니다.

호기심아저씨   그건 왜 그렇지요?

| **황당 박사** | 간단하게 설명하면 이렇습니다. 보안 시스템은 정보를 암호화해서 비밀을 지키는 걸 의미합니다. 암호화된 정보를 훔쳐 간들 해독하지 못하니까 비밀이 샐 염려가 없는 거지요. |

황당 박사 간단하게 설명하면 이렇습니다. 보안 시스템은 정보를 암호화해서 비밀을 지키는 걸 의미합니다. 암호화된 정보를 훔쳐 간들 해독하지 못하니까 비밀이 샐 염려가 없는 거지요.

호기심 아저씨 암호화요?

황당 박사 예. 인수분해와 소수를 써서 암호화한답니다.

호기심 아저씨 음…….

황당 박사 암호에는 큰 수의 인수분해를 사용합니다. 그런데 이 큰 수의 인수분해는 생각만큼 간단하게 풀리는 게 아니거든요. 만에 하나 누가 훔쳐 가더라도 해독하기가 무척 어렵습니다.

호기심 아저씨 잘은 모르겠지만 흥미로운 이야기네요. 좀 더 알기 쉽게 설명해 주시겠습니까?

황당 박사 예, 그러죠. 인터넷 보안 시스템의 암호에 수학이 어떻게 쓰이는지 아시면 틀림없이 놀라실 겁니다.

🧩 암호화란 무엇일까?

인터넷 쇼핑을 하고 카드로 결제하는 경우가 많다. 어지간한 물건까지 인터넷으로 사고팔 수 있는 편리한 시대지만, 인터넷으로 카드 정보나 개인 정보를 보내도 과연 안전한지, 중간에 누가 정보를 훔쳐 가지나 않을지 걱정하는 사람도 적지 않을 것이다.

그러나 앞에서 간단히 설명한 것처럼 우리가 입력한 카드 번호와 개인 정보는 그대로 보내지는 것이 아니라 암호화를 거쳐 보내진다. 이제는 암호가 없어서는 안 될 네트워크 시대가 되었지만 의외로 암호의 원리나 구조에 대해서는 잘 알려져 있지 않다. 암호는 도대체 어떤 구조로 이루어져 있으며, 왜 해독하기 어려운지 알아보자.

암호에는 공개열쇠(Public Key) 암호와 비밀열쇠(Private Key) 암호 2가지가 있다. 그중에서도 암호 역사상 최대의 발명이라고 일컫는 것이 공개열쇠 암호다.

공개열쇠 암호는 1976년 암호 연구가인 디피(Diffie)와 헬만(Hellman)이 착안한 암호 방식으로, 공개열쇠로 암호화해 보낸 암호문을 비밀열쇠로 푸는 구조다.

그리고 공개열쇠와 비밀열쇠는 전혀 별개의 열쇠다. 그래서 만약 제삼자가 공개열쇠를 알고 있다고 해도 비밀열쇠를 모르면 암호를 풀지 못한다.

덧붙여 말하면, 공통열쇠 암호는 암호화하는 공개열쇠와 암호를 푸는 비밀열쇠가 동일하다. 공개열쇠 암호가 탄생하기 전까지는 자주 쓰였지만 암호화 방법이 알려지면 금세 풀리고 마는 결점이 있다.

공개열쇠 암호의 구조

공개열쇠를 사용해 암호화하는 방법은 무엇일까? 상대가 정보를 암호화해서 보내기 바라는 사람(수신자)은 먼저 공개열쇠를 공개해 둔다. 상대, 즉 정보를 보내는 사람(송신자)에게 공개열쇠를 보내 원래 정보(평문[19])를 암호화하도록 한다. 정보의 송신자는 그 암호문을 수신자에게 보낸다. 수신자는 받은 암호문을 비밀열쇠를 사용해 푼다.

설명만으로는 상상하기 쉽지 않기 때문에 예를 들어 설명하기로 한다.

여기 앨리스(Alice)와 밥(Bob)이라는 연인이 있다. 암호의 세계에서는 흔히 A를 앨리스, B를 밥이라고 부른다.

밥은 앨리스에게 청혼하면서 청혼에 대한 답을 인터넷으로 보내 달라고 부탁했다. 즉 앨리스가 밥에게 답변 메시지를 보내는 것인데, 이때 밥이 답변 메시지(정보)의 수신자가 되고 앨리스가 송신자가 된다.

단, 밥은 앨리스의 메시지를 다른 사람이 보는 것이 창피해서 앨리스에게 답변을 암호화해서 보내 줄 것을 부탁한다. 그때 밥은 공개열쇠(암호화하기 위한 열쇠)를 앨리스에게 전달한다.

밥이 앨리스에게 전달한 공개열쇠는 2개의 숫자다. 밥은 앨리스에게 "15를 법으로 해서, 열쇠 3으로 암호화해 메시지를 보내 달라."고 전달했다. 다시 말하지만 이것은 공개열쇠이므로 외부로 알려져도 상관없는

---

19) 평문(平文) : 암호가 아닌 보통 문장.

숫자다.

'15를 법으로 해서'라는 말은 자연수를 15로 나누었을 때의 나머지로 숫자를 분류해서 생각한다는 뜻이다. 자연수 15와 30은 보통 다른 숫자로 여겨지지만, 15를 법으로 생각하는 경우 나머지가 같으므로 같은 숫자가 된다. 즉 자연수 전체를 15로 나누었을 때의 나머지 0에서 14로 숫자를 분류하는 방식이다.

15를 법으로 하면 16과 31은 나머지가 똑같이 1이므로 같은 그룹에 속한다.

'아이 러브 유'는 어떻게 보낼까?

이제 앨리스는 청혼을 승낙한다는 의미에서 '아이 러브 유'라는 문장을 보내기로 한다. 그런데 컴퓨터는 팩시밀리와 달리 문자를 그대로 보내는 것이 아니라 어떤 법칙에 근거해 모든 문자를 숫자로 변환해서 보낸다.

컴퓨터 내부의 문자 변환에 대해서는 이미 제4장에서 설명했다. 입력한 모든 문자는 숫자로 변환된다.

예컨대 앨리스가 컴퓨터로 '아이 러브 유'라고 입력하면 컴퓨터 안에서 '07, 10, 12, 04'라는 숫자로 변환된다고 가정하자. 이것이 평문이다.

아이 러브 유

이제 15를 법으로 해야 하므로 평문에 쓸 수 있는 숫자는 0에서 14까지가 된다. 실제 공개열쇠로 하는 수는 매우 큰 수(십진수로 수백 자리 수)다. 여기서는 이야기를 간단하게 하기 위해 작은 수로 설명한다.

그대로 보내면 좋겠지만 밥이 미리 앨리스에게 "15를 법으로 하는 세계에서 세제곱(열쇠 D=3)해서 보내 줘요."라고 했으니 그대로 따라야 한다.

이 '15를 법으로 하는 세계' 란 과연 무슨 의미일까.

이것은 모든 문자를 0에서 14까지 15개의 숫자에 배당하라는 뜻이다.

알기 쉽게 다시 한 번 '10을 법으로 하는 세계'에서 설명하겠다.

🧩 법의 세계란 무엇일까?

10을 법으로 하는 세계는 0에서 9까지의 정수로 이루어진 세계다. 따라서 0, 1, 2, 3, 4, 5, 6, 7, 8, 9 다음에 오는 숫자(10)는 다시 0으로 돌아간다. 그러면 13은 3, 15는 5가 된다.

'15를 법으로 하는 세계'도 마찬가지 방식을 따른다.

수가 0에서 14까지의 정수밖에 없는 세계이므로 0, 1, 2, 3, 4, 5, 6, 7, 8, 9, 10, 11, 12, 13, 14가 되면 다음 수(15)는 0으로 되돌아간다.

공개열쇠의 제곱수

공개열쇠 N (15)	1	2	3	4	5	6	7	8	9	10	11	12	13	14	15	16	17	18
0	0	0	0	0	0	0	0	0	0	0	0	0	0	0	0	0	0	0
1	1	1	1	1	1	1	1	1	1	1	1	1	1	1	1	1	1	1
2	2	4	8	1	2	4	8	1	2	4	8	1	2	4	8	1	2	4
3	3	9	12	6	3	9	12	6	3	9	12	6	3	9	12	6	3	9
4	4	1	4	1	4	1	4	1	4	1	4	1	4	1	4	1	4	1
5	5	10	5	10	5	10	5	10	5	10	5	10	5	10	5	10	5	10
6	6	6	6	6	6	6	6	6	6	6	6	6	6	6	6	6	6	6
7	7	4	13	1	7	4	13	1	7	4	13	1	7	4	13	1	7	4
8	8	4	2	1	8	4	2	1	8	4	2	1	8	4	2	1	8	4
9	9	6	9	6	9	6	9	6	9	6	9	6	9	6	9	6	9	6
10	10	10	10	10	10	10	10	10	10	10	10	10	10	10	10	10	10	10
11	11	1	11	1	11	1	11	1	11	1	11	1	11	1	11	1	11	1
12	12	9	3	6	12	9	3	6	12	9	3	6	12	9	3	6	12	9
13	13	4	7	1	13	4	7	1	13	4	7	1	13	4	7	1	13	4
14	14	1	14	1	14	1	14	1	14	1	14	1	14	1	14	1	14	1

15를 법으로 하는 수의 해답

이해를 돕기 위해 15의 세계와 그 수의 제곱수의 관계를 표로 만든 것이 앞의 표다.

암호화하는 수(세로줄)도 몇 제곱을 한 다음의 수도 모두 0에서 14 사이의 숫자로 이루어져 있다.

표의 세로줄 4를 보자. 4를 제곱하면 16이므로 15를 법으로 하는 세계에서는 1이 된다. 즉 나머지 1을 뜻한다. 네제곱하면 256이고 256을 15로 나누면 나머지가 1이다. 이렇게 모든 수에 15로 나눈 나머지 숫자를 적어 나가면 된다.

법의 세계는 의외로 구조가 간단하다.

이 표를 이용해 평문(수)을 암호화해서 암호문(수)을 만들어 보자.

암호를 만들기 위한 법의 세계는 반드시 2개의 서로 다른 소수(素數)를 곱한 수로 만들어야 한다. 이것이 규칙이다.

소수란 무엇인가? 3을 예로 들어 보자. 3을 나머지 없이 나눌 수 있는 수(약수)는 3과 1밖에 없다. 이처럼 자신과 1만을 약수로 가지는 수를 소수라고 한다. 즉 소수는 그 수 자신과 1 이외의 자연수로는 나누어지지 않는 2 이상의 정수를 의미한다. 2, 3, 5, 7, 11, 13 등이 소수다.

그러면 왜 꼭 '소수×소수'로 만들어야 할까? 곱하는 두 소수가 암호문을 해독하는 '비밀열쇠'에 적합하기 때문이다. 왜 적합한가? '소수×소수'의 곱셈은 간단하지만 그 반대인 인수분해는 매우 어렵기 때문이다.

소수 이외의 수로 법의 세계를 만들면 인수분해가 간단하므로 비밀열쇠가 들통 날 가능성이 매우 크다.

🧩 소인수분해는 어렵다!

앞에서 설명한 '10을 법으로 하는 세계'는 2×5, '15를 법으로 하는 세계'는 3×5라는 수로 이루어져 있다. 어느 것이나 '소수×소수'로 이루어진 세계다.

이처럼 10이나 15처럼 숫자가 작으면, 슬쩍 보고도 금세 '2와 5', '3과 5'라는 식으로 간단히 인수분해할 수 있지만 14841처럼 숫자가 크면 간단하게 인수분해할 수 없다. 계산기나 컴퓨터를 사용해도 푸는 데 5년 정도 걸린다고 한다. 참고로 14841을 인수분해한 답은 97과 153이다.

어떻게 계산했기에 답이 이렇게 금세 나오는 걸까? 사실은 인수분해를 한 것이 아니라 필자가 멋대로 2개의 소수를 정해서 곱했기 때문이다. 다른 사람은 풀지 못한다.

지금은 간단히 97이나 153처럼 작은 소수를 사용했지만 실제 암호화에는 150자리 이상의 소수를 쓰는 일이 많으므로 곱하면 300자리 이상의 수가 된다.

수백 자리의 수를 소인수분해하는 데 걸리는 시간은 최신 계산기를 사용하더라도 수십 년 걸린다고 한다. 또 앞으로도 소인수분해의 극적인 해법은 나오지 않을 것으로 예상된다.

어떻게 암호를 읽을 수 있을까?

앨리스와 밥의 이야기로 돌아가자. 우선 앨리스는 밥이 말한 대로 15를 법으로 하는 세계를 만들었다.

밥이 "열쇠 D=3으로 보내 달라."고 했기 때문에 앨리스는 평문 '아이 러브 유', 즉 '07, 10, 12, 04'를 15를 법으로 하는 세계에서 세제곱한다.

평문 '07, 10, 12, 04'의 숫자 4개를 각각 세제곱한다. 여기서는 표를 보고 변환해 보자. 표를 보면 7의 세제곱의 나머지는 13이다. 나머지 숫자도 마찬가지 방식으로 변환하면 암호문은 '13, 10, 3, 4'가 된다. 실제 암호문은 표를 사용하는 것이 아니라 계산해서 만든다.

이렇게 만든 암호문을 밥에게 보내면 그때부터 밥이 작업을 시작한다.

암호문 '13, 10, 3, 4'를 받은 밥은 암호를 풀지 않으면 답장을 읽을 수 없다.

암호를 풀어 보자.

104쪽의 표를 다시 한 번 보자.

언뜻 보면 숫자가 무작위로 늘어서 있는 것 같지만 잘 보면 어떤 규칙이 있다.

1제곱, 5제곱, 9제곱, 13제곱, 17제곱의 열은 0에서 14까지의 숫자가 순서대로 적혀 있다. 다시 말해 이 표에는 4승 건너 0, 1, 2 …… 14가 반복되어 나타나는 규칙이 있다.

이처럼 2개의 소수를 곱한 수를 법으로 하는 세계에서는 모든 수에 원래대로 되돌아가는 제곱수가 있다.

표에서도 알 수 있듯이 '어떤 수를 법으로 하는 세계에서 세제곱을 한' 형태로 보낸 암호문은 반드시 원래 숫자로 되돌아가는 제곱수가 있으므로 몇 제곱을 했는지 알면 암호를 풀 수 있다.

여기서 밥은 몇 제곱을 하면 원래대로 되돌릴 수 있는지 비밀열쇠를 사용해 계산한다. 비밀열쇠는 암호를 풀기 위한 것이다. 그리고 그것은 법의 세계를 만드는 2개의 다른 소수다. 밥은 15를 법으로 하는 세계를 3, 5라는 소수로 만들었다.

❁ 밥은 '비밀열쇠'를 알고 있다

여기서 잠깐 앨리스와 밥이 각각 가지고 있는 정보를 정리해 보자.

앨리스가 가진 정보는 공개열쇠인 '15를 법으로 하는 세계'와 '열쇠 D=3'이라고 하는 2가지 정보다. 앨리스는 이 2가지 정보를 평문을 '15를 법으로 하는 세계에서 세제곱해서 보내는 것'으로 이해했다. 그런데 앨리스는 밥이 어떤 수를 곱해서 15를 만들었는지 알지 못하는 상태다.

한편 밥은 앨리스와 똑같이 '15를 법으로 하는 세계'와 '열쇠 D=3'이라는 2가지 정보를 가지고 있다. 그리고 앨리스가 보낸 암호를 해독하는 비밀열쇠인 소수 '3과 5'를 알고 있다. 비밀열쇠는 밥이 설정한 것이므로 알고 있는 것이 당연하다.

밥은 이 비밀의 수 3과 5를 기초로 암호를 푼다. 이 수를 가지고 앞에서 살펴본 반복 제곱수를 구하는 것이다. 몇 제곱을 하면 원래 수가 나오는지 구하면 된다.

원래대로 되돌아가려면 몇 제곱을 해야 하는지 구하는 공식은 다음과 같다.

> **암호를 푸는 데 필요한 제곱수**
>
> $n \times ((p-1)$과 $(q-1)$의 최소공배수$)+1$
>
> ※ 단, n은 자연수, p와 q는 비밀열쇠의 숫자

여기서 밥은 자신이 설정한 소수 3과 5를 p와 q에 대입한다. $p-1$과 $q-1$의 값, 2와 4의 최소공배수는 4다. 이로써 네제곱마다 같은 수가 반복된다는 사실을 알았다. n은 자연수이므로 우선 처음에 1을 대입한다.

$$1 \times 4 + 1 = 5$$

이런 식으로 계산을 계속하면 2일 때 9, 3일 때 13, 4일 때 17이 되므로 5, 9, 13, 17제곱한 곳에 같은 수가 나온다는 사실을 알 수 있다. 이것은 $4n+1$로 나타낼 수 있다.

4개씩 건너뛰어 같은 숫자가 나온다는 사실을 알게 된 밥은 앨리스가 보낸 암호를 몇 제곱하면 복원할 수 있을지 생각한다.

지금 밥은 평문 a를 세제곱해서 보낸 암호문을 가지고 있다. 즉 암호문은 a^3이라는 말이 된다. 이 a는 평문 '07, 10, 12, 04'의 수를 나타낸다.

암호문 a^3에서 평문 a를 구하는 것이 바로 암호를 푸는 것이다. 간단히 a^3에 $-$세제곱을 하면 a가 되겠지만, 이 계산은 나머지를 구할 때는 쓸 수 없다. 만약 $(a^3)^{-3} = a$라는 공식을 적용할 수 있다면 공개열쇠를 아는 사람이라면 누구나 암호를 풀 수 있게 된다. 그래서 자연수를 몇 번 곱해 a를 만드는 방법을 생각해야만 한다. 이 부분은 계산을 통해 설명하겠다.

암호문 a^3을 m제곱하면 평문 a로 돌아간다는 것은 다음과 같이 쓸 수 있다.

$$(a^3)^m = a^{4n+1}$$

좌변은 a^{3m}이 되므로 양변의 지수 부분을 비교하면 다음과 같다.

$$3m=4n+1$$

이 식을 변환하면

$$m=\frac{(4n+1)}{3}$$

이 된다. 여기서 이 자연수가 되는 자연수 n을 찾아보자.

n이 2일 때 m은 3이 되므로 조건에 맞아떨어진다. 이것으로 암호를 풀 수 있을 듯하다. 암호문 '13, 10, 3, 4'의 수를 104쪽의 표 가장 왼쪽 줄에서 찾아 각각 세제곱했을 때의 수를 구한다. 표에서 제곱수 3의 세로 줄을 보면 된다. 암호문 13은 7이 된다. 나머지도 같은 방식으로 찾는다. 암호문의 10, 3, 4를 세제곱한 수는 각각 10, 12, 4가 되므로 평문은 '07, 10, 12, 04'가 된다.

이렇게 해서 밥은 자신만이 알고 있는 비밀의 수인 소수 3과 5 덕분에 암호를 풀 수 있었다. 앨리스에게 전달한 3과 5의 곱인 15만으로는 이 두 소수를 알 수 없기 때문에 암호를 풀 수 없는 구조가 된다. 왜냐하면 실제로는 2개의 큰 소수의 곱을 사용하기 때문이다.

예를 들어 보자. 8193은 소인수분해할 수 있을까? 바로 답을 찾아낸 사람은 상당히 계산 능력이 뛰어난 사람이다. 답은 3×2731이다. 컴퓨

터라 할지라도 큰 수의 소인수분해에는 쩔쩔맨다. 이 부분은 공개열쇠 암호의 안전성의 바탕과 관련해 계속 연구를 진행하고 있다. 만약 소인수분해의 극적인 해법을 발견한다면 지금의 공개열쇠 암호는 아무런 쓸모가 없을 것이다. 현재로서는 이렇다 할 해법이 없기 때문에 여전히 공개열쇠 암호를 사용한다.

웹 사이트에 SSL(Secure Socket Layer)이라는 마크가 붙어 있다면 '공개열쇠 암호나 비밀 암호 등의 안정성 기술을 갖추고 있으니 안심하라.'는 뜻이다.

그러면 실제로 우리가 인터넷 쇼핑을 할 때 어떤 식으로 보안 시스템이 작동하는지 살펴보자.

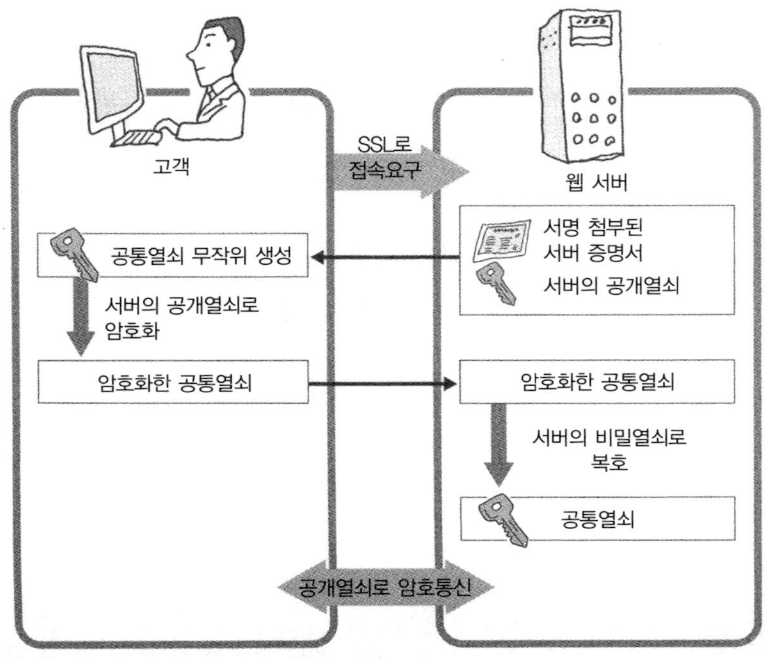

인터넷으로 물건을 구입할 때 카드 번호나 비밀번호 등 타인에게 알리고 싶지 않은 정보를 암호화해 지키는 구조의 대표적인 예가 바로 앞에서 언급한 SSL이다. 우리가 집에서 사용하는 컴퓨터는 인터넷 상점과 직접 연결되어 있는 것이 아니다. 우리 집 컴퓨터는 다양한 컴퓨터(서버)를 경유해 인터넷 상점과 정보를 주고받는다.

비밀번호를 암호화하지 않고 인터넷에 그대로 노출시키면 대단히 위험하다. 그래서 우리 집 컴퓨터와 인터넷 상점의 컴퓨터가 암호화를 거쳐 통신을 주고받을 수 있는 방법이 만들어졌다. 바로 위 그림처럼 통신이 이루어진다.

고객의 웹 브라우저가 웹 서버에 SSL 통신을 요구하면 그쪽에서 서명한 서버 증명서와 공개열쇠를 보내 준다. 그리고 고객은 공통열쇠를 무작위로 생성해 암호화한 상태로 웹 서버에 보낸다. 그렇게 하면 고객의 컴퓨터와 웹 서버 사이에 암호 통신을 할 수 있다.

여기서는 간단히 설명했지만 실제로 정보를 주고받으려면 훨씬 복잡한 절차와 고도의 기술이 필요하다. 현재로서는 이것이 가장 앞선 기술이다. 그러나 SSL 기술은 그 근간을 이루는 암호화 기술과 함께 앞으로도 발전을 거듭할 것이다. 또한 암호화 기술의 기본이 바로 수학 이론에 있으므로 미래에도 수학의 힘은 점점 응용의 폭을 넓혀 갈 것이다.

지금까지 현대의 암호 기술에 대해 설명했지만 사실 암호는 옛날부터 존재했다. 예컨대 국가의 운명을 건 전쟁에 암호는 없어서는 안 될 중요한 무기였다. 특히 근대의 전쟁은 정보전이라고 할 만큼 암호의 활약이 컸다. 적이 암호를 간파하지 못하도록 암호의 기밀을 유지하는 일이 매우 중요했다.

역사를 통틀어 지금까지 비밀이 없던 시대는 없었다. 지금도 그렇고 앞으로도 비밀과 암호는 사라지지 않을 것이다.

인간은 중요한 비밀을 지키기 위해 암호를 고안했다. 시대마다 누구도 풀 수 없는, 당시로서는 첨단을 자랑하는 암호를 만들었다. 그리고 누군가가 그 최첨단 암호를 깨면, 한층 더 복잡한 암호가 등장했다. 암호의 역사는 이러한 창조와 파괴의 반복 속에서 발전했다. 다시 말해 그 시대가 지키려고 하는 비밀에 걸맞은 암호를 만들어 온 것이다.

물론 현대는 수학과 전자계산기가 고도로 발달한 시대다. 현대인이 암호를 만드는 데 수학의 정수론과 전자계산기를 이용한 것은 필연적인 일이었다. 그러나 현대의 암호도 언제 깨질지 모른다. 이 점은 옛날과 마찬가지다. 그렇기 때문에 앞으로도 인간은 더 새롭고 강력한 암호를 만들어 낼 것이다. 그리고 암호는 수학과 전자계산기의 발달과 깊은 관련을 맺으면서 발달할 것이다.

수학과 전자계산기 그리고 암호는 앞으로도 우리의 비밀을 더욱더 지켜 줄 것이다. 그리고 바로 그런 이유로 많은 사람에게 소중한 존재가 될 것이다.

다니야마 유타카와
페르마의
마지막 정리

20세기에는 많은 일본인이 수학 분야에서 눈부신 업적을 남겼다. 다니야마 유타카(谷山 豊, 1927~1958, 일본)도 그중 한 사람이다. 어려서부터 몸이 약하고 낯가림이 심했던 소년은 어느덧 수학을 좋아하는 청년으로 성장했다.

1955년, 다니야마는 어느 국제회의에서 수수께끼 같은 말을 한다.

"모든 유리 타원곡선은 모듈러(modular)다."

이것이 그 유명한 '페르마의 마지막 정리'[20]의 증명과 깊은 연관이 있는 '다니야마–시무라 추론'의 시작이었다.

페르마가 남긴 마지막 문제를 둘러싸고 350여 년이 지나도록 수많은 수학자가 격투를 벌여 왔다. 그리고 1994년에 그 기나긴 역사에 마침내 종지부를 찍었다. 영국 출신의 수학자 와일즈(Andrew Wiles, 1953~)가 페르마의 마지막 정리를 증명한 것이다.

그런데 페르마의 마지막 정리는 다니야마–시무라[21] 추론을 증명하기만 하면 자동적으로 증명되는 것이기도 했다. 와일즈는 다니야마–시무라 추론을 증명함으로써 페르마의 마지막 정리를 증명했다.

다니야마도 설마 자신이 생각한 것이 페르마의 마지막 정리와 결부되

리라고는 생각지 못했을 것이다. 완전히 이질적인 두 세계가 깊숙한 곳에서 서로 관련을 맺고 있는 것이 바로 수학의 묘미다. 수학자들이 페르마의 마지막 정리와 다니야마-시무라 추론을 연결해 생각하기 시작한 것은 1980년대 이후였다.

그러나 지금 그 영예를 누릴 다니야마 유타카는 세상에 존재하지 않는다. 31세에 스스로 목숨을 끊고 홀연히 이 세상을 떠났기 때문이다.

---

20) 페르마(Pierre de Fermat, 1601~1665, 프랑스)가 남긴 문제. 페르마의 대정리라고도 한다. "$x^n + y^n = z^n$에서 n이 3 이상의 정수(整數)인 경우, 이 관계를 만족시키는 자연수 x, y, z는 존재하지 않는다."라는 것으로 오랜 세월 증명되지 못했는데, 최근 영국 수학자 와일즈와 테일러가 증명했다. 와일즈는 1993년에 일차적으로 케임브리지 대학 강연에서 증명 과정을 보여 주었으나 얼마 있지 않아 치명적인 오류가 발견되었다. 수정에 난항을 겪던 와일즈는 제자 테일러의 도움으로 오류를 수정해 1994년 새롭게 증명을 완료하고, 1995년 수학 분야 최고의 학술지로 꼽히는 「수학연보(Annals of Mathematics)」에 논문을 발표했다.
21) 시무라 고로(志村五郎, 1930~), 일본의 수학자.

6

복사 용지의 비밀

엉뚱 여사   선생님, 제가 요전에 컴퓨터로 우리 애 생활계획표를 만들다 가 궁금한 게 하나 생겼어요.

황당 박사   뭐가 궁금하세요?

엉뚱 여사   인쇄할 때 보면 용지 크기를 설정하잖아요? A4나 B5 등으로 요. 그런데 왜 A, B로 나눈 거죠?

황당 박사   아, 그거 말씀이군요. 원래 전 세계가 공통적으로 쓰는 규격 치수는 A판입니다. B판의 규격은 나라마다 조금씩 다르지요.

엉뚱 여사   어머, 정말요? 처음 들었어요. 근데 A판이 있는데 왜 또 B판을 만들었을까요?

황당 박사   간단히 말해, B판이 있으면 편리하기 때문이지요. 그런데 혹 시 우리 주변의 A판 용지 중에서 제일 작은 게 뭔지 아시나요?

엉뚱 여사   A5 아닌가요?

황당 박사   정답입니다. 그럼 그다음으로 큰 사이즈는요?

엉뚱 여사   A4. 그리고 그다음이 A3지요.

황당 박사   맞습니다. A판 용지는 A5, A4, A3 순으로 크기가 커지지요. 근데 A4의 다음 크기인 A3는 너무 크게 느껴지지 않던가요? 한 단계 작은 크기의 종이가 있었으면 하는 생각이 들지요. 그 래서 A4와 A3의 중간 크기를 만든 겁니다.

엉뚱 여사 A4와 A3의 중간 크기가 딱 B4군요. 그럼 A5, B5, A4, B4 순으로 커지겠네요.

황당 박사 그렇습니다. 그리고 A판과 B판은 닮은꼴이지요.

엉뚱 여사 그러고 보니 그러네요. 그럼 B4를 작게 하면 A4가 되나요? 아니면 겉으론 안 보이지만 형태가 미묘하게 다르다던가……?

황당 박사 실은 거기에 '백은비(白銀比)' 라는 비밀이 숨어 있습니다.

엉뚱 여사 백은비라……. 그건 또 뭐지요?

황당 박사 백은비는 문화와 미술에 없어서는 안 될 어떤 비율을 일컫는 말입니다. 이걸 알면 주변에 존재하는 문화나 미술품이 한결 아름답게 느껴질 겁니다.

엉뚱 여사 매번 어려운 말씀만 하시네요.

황당 박사 이번에도 쉽게 설명해 드릴 테니 안심하세요.

✿ 백은비란 무엇인가

백은비(白銀比, Silver ratio)는 1:$\sqrt{2}$, 간략하게 말하면 1:1.4의 비율을 뜻한다. 5:7이라고도 나타낸다. 백은비의 특징은 어떤 직사각형에서 찾아볼 수 있다. 앞에서 말한 복사 용지가 바로 그것이다.

복사 용지의 특징은 길이로 반 접었을 때 크기는 반이 되지만 형태는 변하지 않는다는 점이다. A3를 반으로 접으면 A4가 되고 A4를 반으로 접으면 A5가 된다. 어느 것이나 모양은 똑같다(닮은꼴). 대각선을 그어 보면 좀 더 확실히 알 수 있다.

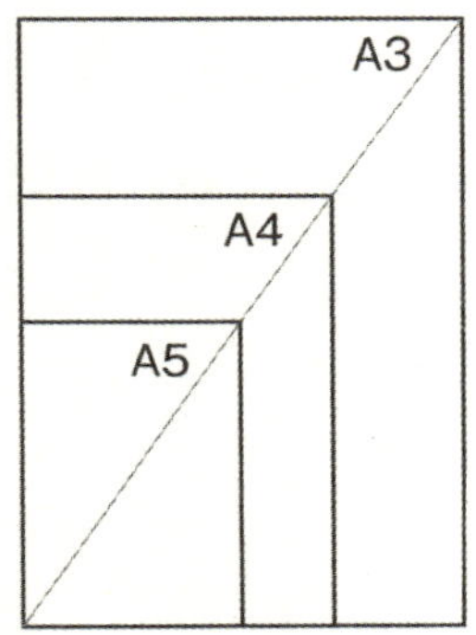

그러나 모든 직사각형이 그렇게 되는 것은 아니다. 어떤 직사각형에 한해서만 그렇게 된다. 그러면 그 직사각형이란 대체 어떤 것일까?

지금 짧은 변의 길이가 1이고 긴 변의 길이가 x인 직사각형이 있다고 하자. 길이로 반을 접으면 직사각형의 변의 길이는 각각 1과 $\dfrac{x}{2}$가 된다. 다음 그림의 두 직사각형을 보면 쉽게 이해할 수 있다.

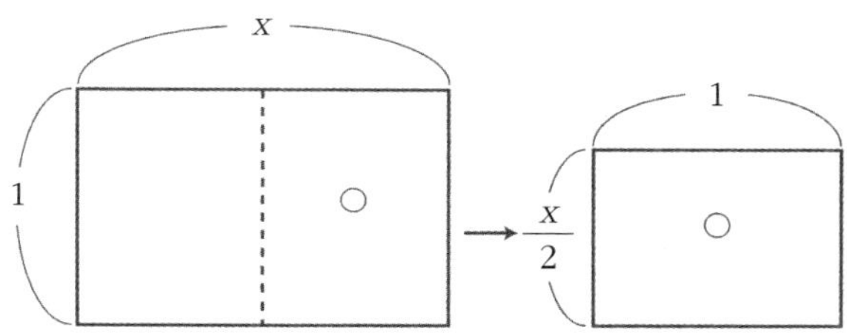

이 2개의 직사각형이 닮은꼴이 되려면 변의 길이 비가 같아야 한다. 따라서 다음과 같은 식이 된다.

$$1 : x = \dfrac{x}{2} : 1$$

이 이차방정식의 풀이 과정은 다음과 같다.

$$x \times \dfrac{x}{2} = 1 \times 1$$

$$x^2 = 2$$

$$x = \sqrt{2}$$

여기서 x는 양의 정수이므로 답은 $\sqrt{2}$다. 이렇게 해서 1:$\sqrt{2}$의 비를 가진 직사각형만이 반으로 접어도 형태가 바뀌지 않는 유일한 직사각형이라는 사실을 알 수 있다. 우리가 쓰는 복사 용지도 이 비율을 지킨 '백은 직사각형'이다.

아울러 백은비의 $\sqrt{2}$라는 숫자는 정사각형 안에서도 찾을 수 있다. 여기 한 변의 길이가 1인 정사각형이 있다고 하자. 그 정사각형의 대각선 길이는 $\sqrt{2}$가 된다.

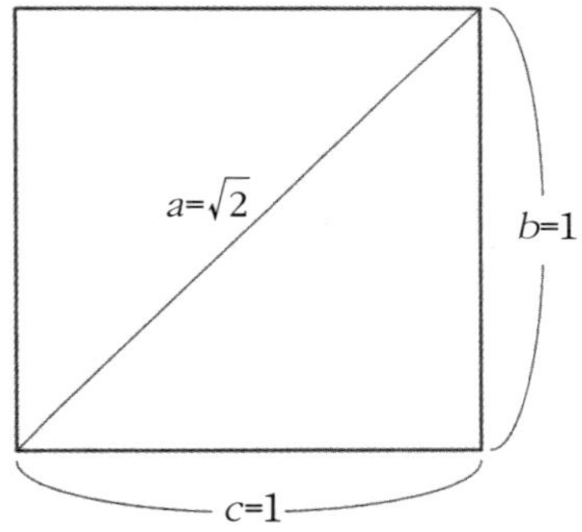

정사각형에 대각선을 그어 만든 도형은 직각이등변삼각형이다. 학창 시절에 배운 피타고라스정리를 떠올려 보자. 피타고라스정리는 직각삼각형의 빗변의 길이를 a, 직각을 낀 두 변의 길이를 각각 b, c라고 했을 때 $a^2=b^2+c^2$의 관계가 성립하는 것이다. 앞의 그림에서 b, c의 길이가 모두 1이므로 $a^2=2$가 된다. 따라서 $a=\sqrt{2}$이다.

백은비는 일상에서도 보자기나 다다미 등에 활용한다.

특히 건조물에 정사각형을 사용하는 것은 기본적으로 목조 건축물에서 볼 수 있다. 벌채한 통나무의 단면을 정사각형이 되도록 깎은 목재를 사용하기 때문이다.

정사각형으로 깎는 이유는 무엇일까? 통나무 단면의 원을 가장 낭비 없이 이용하기 위해서다. 둥근 천연목을 사각 목재로 깎는 것을 수학적으로 표현하면 '원에 내접한 사각형을 구하는 것'이며, 이때 사각형을 제외한 부분의 면적을 가장 작게 한 것이 정사각형인 것이다. 자원을 소중히 쓰고자 하는 사람들의 마음이 보이는 듯하다.

보자기나 다다미(정사각형의 반인 직사각형)가 정사각형을 기본으로 하는 이유도 거기에 있다.

통나무와 백은비

다다미의 예

다다미는 길이와 너비의 비가 2 대 1이다. 그러므로 2장을 붙이면 정사각형이 된다. 혹은 한 장의 다다미를 둘로 나누면 정사각형이 된다.

다다미에는 에도식, 교토식 등 몇 가지 다른 규격이 있다. 그러나 어느 것이나 기본 치수는 6척×3척으로 2 대 1의 비율을 유지한다(참고로 1척은 약 30.3㎝다).

그리고 6척은 기둥과 기둥의 간격을 나타내는 1간(間)에 해당한다.

기본 치수를 미리 맞춰 두고 쓰면 변칙적인 숫자가 나오지 않으므로 건축 자재의 양이나 작업 시간을 줄일 수 있다.

그럼 여기서 복사 용지 이야기로 다시 돌아가자.

앞에서 이야기했듯이 A판은 전 세계가 공통으로 쓰는 것으로 국제표준화기구(ISO)의 표준규격이다. A판 규격을 만든 사람은 독일의 화학자 빌헬름 오스트발트(Wilhelm Ostwald, 1853~1932)다. 한편 B판은 일본이 창안한 것으로 일본공업규격(JIS)을 따른다.[22]

복사 용지의 규격

단위 : mm

	A판		B판	
	세계 공통		ISO(국제표준규격)	JIS(일본공업규격)
A0	841×1189	B0	1000×1414	1030×1456
A1	594×841	B1	707×1000	728×1030
A2	420×594	B2	500×707	515×728
A3	297×420	B3	353×500	364×515
A4	210×297	B4	250×353	257×364
A5	148×210	B5	176×250	182×257
A6	105×148	B6	125×176	128×182
A7	74×105	B7	88×125	91×128

복사 용지의 특징은 형태는 같고(닮은꼴), 크기(면적)가 반이 되어 간다는 것이다. A4를 길이로 반 접으면 A5 용지가 된다. 거꾸로 A4 용지를 2개 합치면 A3 용지가 된다. 앞에서도 설명했지만 면적이 반이고 형태가 닮은꼴이 되기 위해서는 너비와 길이의 비가 $1:\sqrt{2}$인 백은비가 되어야만 한다.

실제 백은비가 되는지 확인하기 위해 나눗셈을 해 보자.

---

22) 본문의 내용은 일본공업규격의 B판의 설명에 해당한다. 일본공업규격의 B판과 국제표준화기구의 B판은 크기가 약간 다르다. 일본공업규격의 B0는 1030×1456이며 국제표준화기구의 B0는 1000×1414이다. 너비와 길이의 비는 어느 것이나 다 $1:\sqrt{2}$이다. 한국의 표준규격(규격번호 KSA 5201)은 2006년 11월 10일자로 폐지되었다.

A4 : 297÷210=1.41428……

A3 : 420÷297=1.41414……

B4 : 364÷257=1.41634……

B5 : 257÷182=1.41208……

$\sqrt{2}$의 값은 1.4142135……이므로 어느 복사 용지든 너비와 길이의 비가 1:$\sqrt{2}$임을 알 수 있다.

여기서 하나 더. 도표에 나온 A0의 크기를 보면 841㎜ × 1189㎜다. 이 두 길이를 곱해 보자.

841×1189=999949

이 값은 A0의 면적이 100만 제곱밀리미터에서 유래했음을 보여 준다. 다시 말해 A판은 1제곱미터에서 출발해 반씩 접어 나가는 것이다.

한편 일본에서 사용되는 B판의 기원은 에도시대에 공용지로 사용된 미농지(美濃紙:닥나무 껍질로 만든 얇고 질긴 일본 종이)에 있다고 전한다.

미농지의 대표적인 치수 '미농판'은 에도 막부의 수장 도쿠가와 가문의 일족인 세 가문의 전용 치수로, 가로 9촌(약 273밀리미터), 세로 1척 3촌(약 393밀리미터)이다. 너비와 길이의 비는 1.439……로 거의 백은비다.

미농판은 독일에서 탄생한 A판 규격이 일본에 도입되기 전부터 있었는데, 어느 것이나 백은비 $\sqrt{2}$를 가짐으로써 닮은꼴이라는 특성을 갖추고 있다는 사실이 그저 놀랍기만 하다. 우연이라기보다 수학적인 지혜가 만들어 낸 기술이라고 하는 것이 옳은 말이겠다.

B판과 A판의 관계는 어떻게 될까? A판은 A5, A4, A3 순으로 커지면서 면적도 2배가 된다. B판의 면적은 그 중간 크기로서 A4의 면적을 1이라고 했을 때 1.5배가 된다.

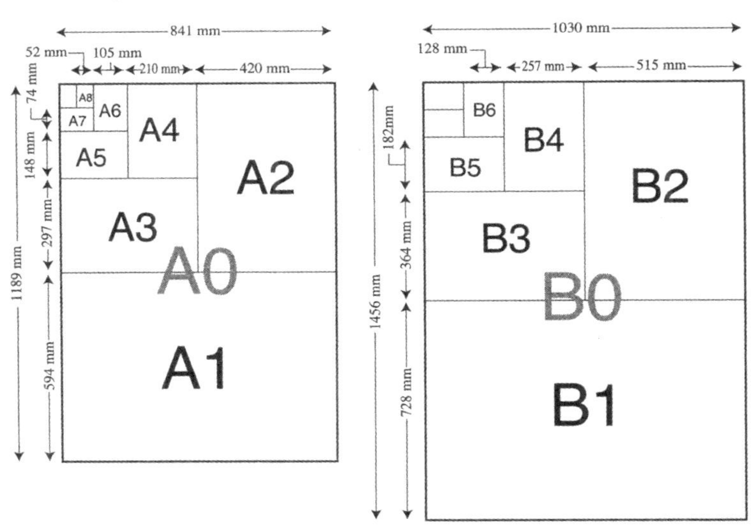

우리가 흔히 쓰는 복사 용지를 작은 것부터 순서대로 늘어놓으면 A5, B5, A4, B4, A3 순이다. 따라서 A4의 크기를 1이라고 했을 때 B4의 면적은 1.5배, B5는 A4의 0.75배가 된다.

그리고 B0의 크기는 A0의 1.5배, 즉 1.5제곱미터가 된다. A판과 B판을 겹쳐 보면 면적비가 1.5배라는 사실을 눈으로 대충 확인할 수 있다.

그런데 이것을 정확하게 확인하는 방법이 있다. A4와 B4로 조사해 보자. 다음 그림과 같이 A4의 대각선을 B4의 긴 변에 맞춰 보면 딱 맞아떨어진다.

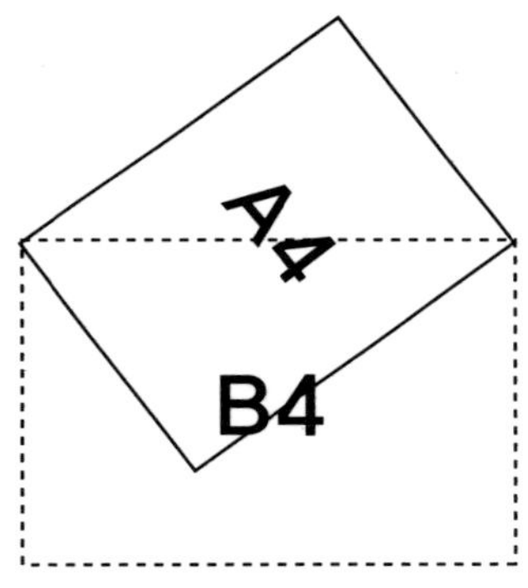

이 그림을 통해 면적 비가 1:1.5라는 사실을 알 수 있다. 그럼 여기서 실제로 계산을 통해 확인해 보자.

우선 A4의 짧은 변의 길이를 1이라고 하자. 그러면 A4의 긴 변의 길이는 $\sqrt{2}$가 된다.

여기에 다시 한 번 피타고라스정리를 사용해 계산하면 A4의 대각선의 길이는 $\sqrt{3}$이다. 따라서 B4의 긴 변의 길이는 $\sqrt{3}$이 된다. 그리고 B4의 짧은 변의 길이는 긴 변의 $\dfrac{1}{\sqrt{2}}$이므로 계산하면 $\dfrac{\sqrt{3}}{\sqrt{2}}$이 된다.

　지금까지 나온 각 용지의 너비와 길이를 곱해 각각 면적을 구하면 A4의 면적은 $\sqrt{2}$, B4의 면적은 $\dfrac{3}{\sqrt{2}}$이 되므로 면적 비는 1:1.5가 되는 것이다.

　그림을 통해 다시 한 번 확인해 보자.

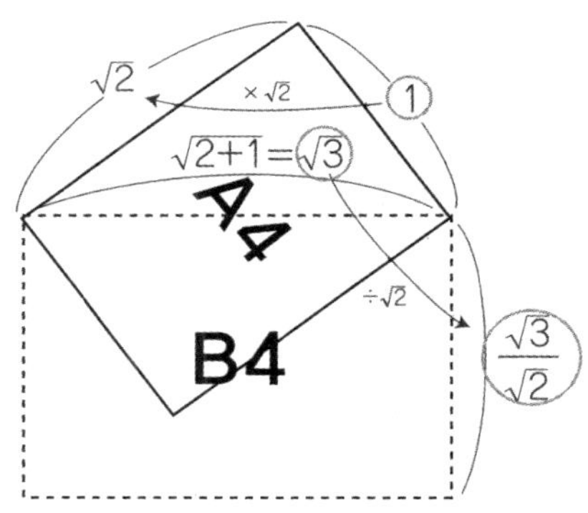

$$A4의\ 면적 = 1 \times \sqrt{2} = \sqrt{2}$$

$$B4의\ 면적 = \frac{\sqrt{3}}{\sqrt{2}} \times \sqrt{3} = \frac{3}{\sqrt{2}}$$

이므로

$$\frac{3}{\sqrt{2}} \div \sqrt{2} = \frac{3}{\sqrt{2}} \times \frac{1}{\sqrt{2}} = \frac{3}{2} = 1.5$$

가 된다.

❁ 복사기의 확대 축소 배율의 진실

B4의 면적이 A4 면적의 1.5배가 되면 변의 길이도 1.5배가 될까? 닮은꼴 도형의 변의 길이 비를 닮음비[23]라고 한다. 닮은 직사각형은 가로와 세로 길이의 비가 닮음비이므로 면적 비는 닮음비의 제곱이 된다.

즉 면적 비 = (닮음비)^{2}이다.

그러므로 면적 비가 1.5배면 닮음비 = $\sqrt{1.5} \fallingdotseq 1.22$가 된다.

즉 A4와 B4의 닮음비는 약 1.22다. 그 반대의 경우, 다시 말해 B4의 변의 길이를 1로 두었을 때 A4의 변의 길이를 계산하면 약 0.81이 된다.

닮음비라는 말이 금방 와 닿지 않는 사람도 있을 것이다. 그런데 1.22니 0.81이니 하는 숫자, 어디선가 본 기억이 나지 않는가? 업무 때문에 복사기를 많이 쓰는 사람이라면 금방 생각이 날 것이다. 복사기 조작 패널에서 이 숫자들을 볼 수 있다.

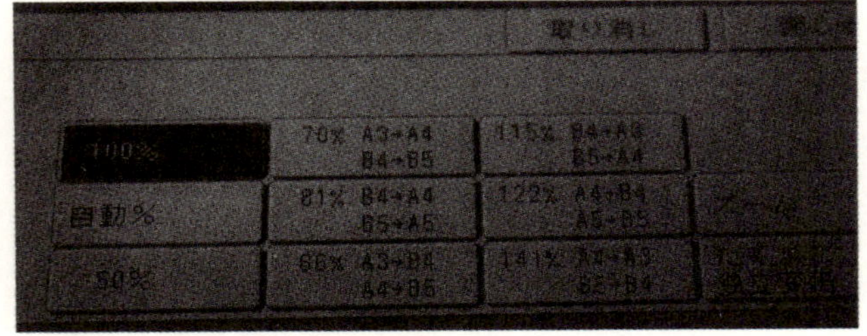

---

23) 닮은비, 상사비(相似比)라고도 한다.

그림에서도 알 수 있듯이 A4에서 B4로 확대할 때의 배율은 122퍼센트이며, B4를 A4로 축소할 경우의 배율은 81퍼센트이다. 즉 복사기의 조작 패널에 표시된 배율이 바로 닮음비다. 언뜻 크기가 다른 용지끼리의 배율은 크기(면적)에 대한 것이라고 생각하기 쉽지만 복사기에서는 변 길이의 비(닮음비)를 쓴다.

자주 사용하는 A판과 B판의 닮음비, 면적비를 정리하면 다음과 같다.

이렇게 해서 보면 비율은 면적 비 쪽이 더 알기 쉽다. B5를 A4로 확대할 때 복사기에는 115퍼센트라고 표시되어 있는데, 이것이 변 길이의 비

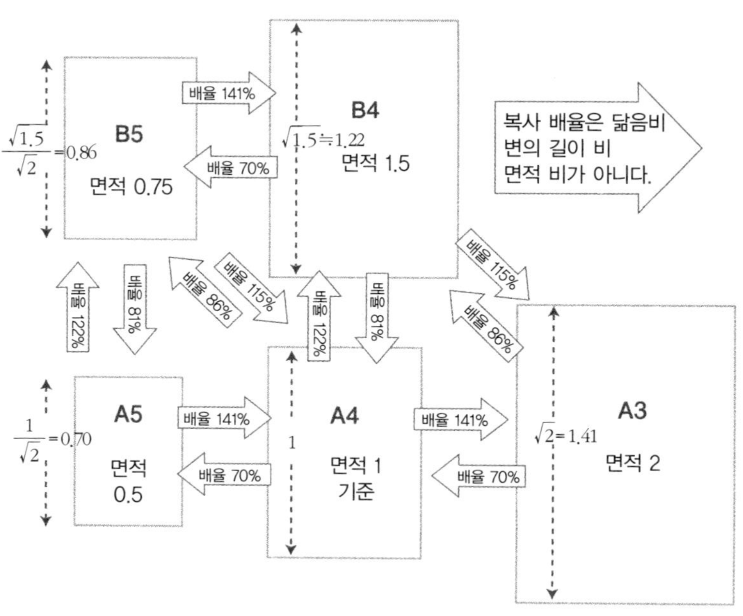

A판, B판의 닮음비와 면적 비

율이라는 사실을 사람들이 과연 얼마나 알고 있을까?

B5에서 A4로 확대하면 면적이 0.75에서 1이 된다거나, 배율이 3분의 4가 된다고 표시하는 것이 숫자의 의미를 아는 데 훨씬 도움이 된다. 이런 이유에서 복사기의 배율 표시는 면적 비가 바람직하다.

✿ 황금비는 아름다움의 근원?

지금까지 $1:\sqrt{2}$ 혹은 1:1.4의 비율을 뜻하는 백은비에 대해 알아보았다. 이제부터는 황금비라고 불리는 비율에 대해 알아본다.

황금비는 길이로 말하면 $1:\dfrac{1+\sqrt{5}}{2}=1.618\cdots\cdots$이 되는 비다. 1.618은 약 1.6, 분수로는 $\dfrac{8}{5}$이 된다. 요컨대 약 5:8이다.

그리고 딱 황금비를 이루는 직사각형을 황금직사각형이라고 한다. 겉보기에도 균형이 매우 잘 잡힌 형태다. 이 황금비로 분할한 것을 황금분할이라고 한다.

황금비의 특징을 살펴보면 다음과 같다. 황금직사각형의 짧은 변을 한 변으로 하는 정사각형을 잘라 내면 남은 직사각형은 원래 황금직사각형과 닮음비를 이룬다. 물론 크기는 다르지만 가로와 세로의 비는 변함이

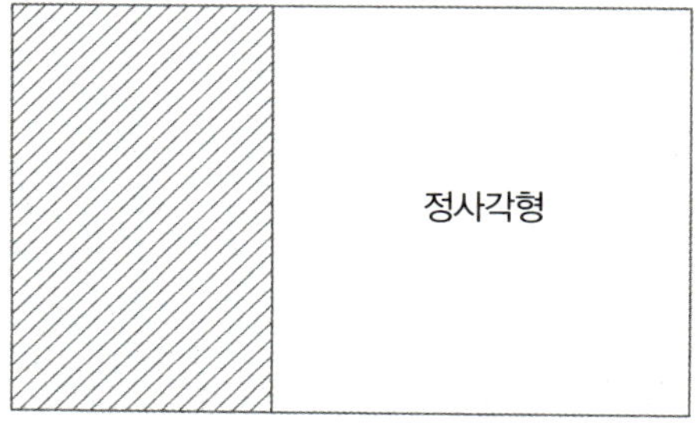

작은 직사각형과 큰 직사각형은 닮은꼴이다.

없다. 백은비가 닮은꼴을 만드는 것과 마찬가지다.

여기서 황금비를 학창 시절에 배운 '근의 공식'을 이용해 확인해 보자.
공식은 다음과 같다.

이차방정식 근의 공식

$$ax^2+bx+c=0$$

$$x=\frac{-b\pm\sqrt{b^2-4ac}}{2}$$

다음 그림을 보자. 황금직사각형의 긴 변을 x, 짧은 변을 1이라고 하자.
이 직사각형 안에 정사각형을 만들면 다음과 같이 된다.

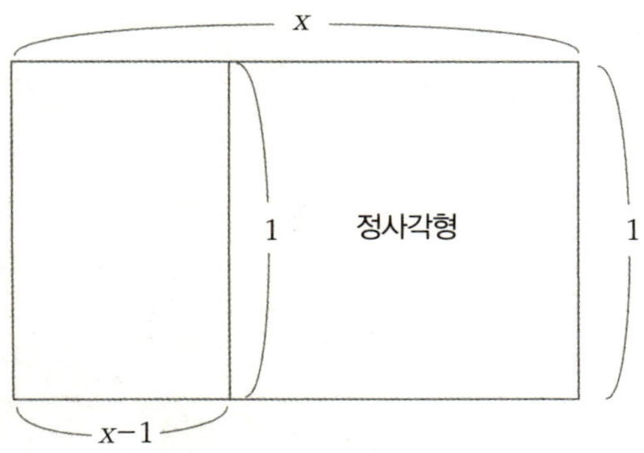

이렇게 만든 작은 직사각형의 비는 $(x-1):1$이다. 이것이 큰 직사각형
의 비와 같다면 다음과 같은 등식이 성립한다.

$$1:x=(x-1):1$$

비례식에서 내항의 곱과 외항의 곱은 같으므로 다음과 같은 식이 성립한다.

$$x\times(x-1)=1\times1$$
$$x^2-x-1=0$$

여기서 근의 공식을 사용하자. a는 1, b와 c는 -1이므로 근의 공식에 대입하면 다음과 같이 2개의 답이 나온다.

$$x=\frac{1\pm\sqrt{5}}{2}$$

그러나 이 경우 x는 양수만 가능하므로 답은 $\frac{1+\sqrt{5}}{2}$가 된다. 그리고 이 분수의 값을 계산하면 1.618……이 된다. 이것이 황금비다.

황금비에는 정오각형을 만들어 낸다는 또 다른 특징이 있다. 정오각형은 변과 대각선이 황금비를 이룬다. 겉보기에 균형이 잘 잡힌 정오각형의 아름다움은 숨어 있는 황금비 덕분이다.

황금분할과 황금직사각형은 우리 일상에서 쉽게 찾아볼 수 있다. 예를 들어 아이팟(ipod)은 멋진 황금직사각형이다. 그 외에도 명함, 전화 카드의 너비와 길이의 비도 황금비를 바탕으로 하고 있다. 황금비는 밀로의

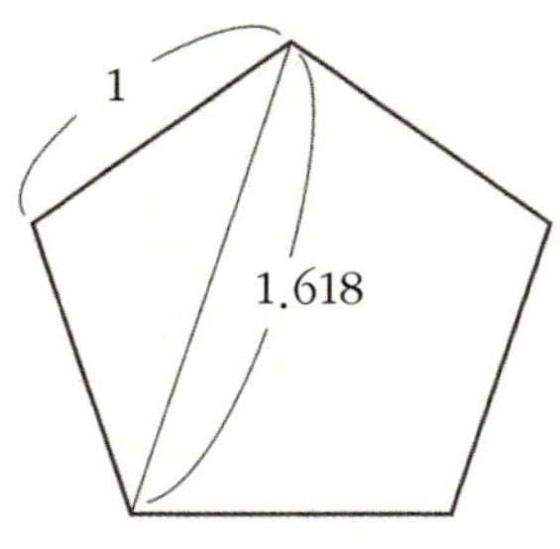

오각형과 황금비

비너스, 이집트의 피라미드, 그리스의 파르테논 신전을 만드는 데도 쓰였다.

혹시 피보나치수열(Fibonacci sequence)[24]이라는 말을 들어본 적이 있는가? 이것은 12세기 이탈리아 토리노 태생의 수학자 피보나치가 생각해 낸 '토끼 문제'에서 비롯된 수열이다.

어린 토끼 한 쌍이 있다. 이 토끼는 한 달 동안 자란 후 그다음 달부터 매달 새끼 한 쌍을 낳는다. 새로 태어난 토끼도 태어난 지 두 달째부터 새끼 한 쌍을 낳는다. 그러면 12개월 후 토끼는 모두 몇 쌍일까?

처음 어린 토끼 한 쌍이 있던 달을 기점으로 그 수를 적어 나가면 다음과 같다.

---

24) 인접한 두 수의 합이 그다음 수가 되는 수열. 제1항과 제2항을 1로 하고 제3항부터 앞의 두 항의 합을 취한다. $a_1=a_2=1$, $a_n+a_{n+1}=a_{n+2}(n=1, 2, 3\cdots\cdots)$으로 나타낸다. 피보나치수열을 이루는 수를 피보나치수라고 한다.

1, 1, 2, 3, 5, 8, 13, 21, 34, 55, 89, 144, 233

따라서 답은 233쌍이다.

그렇다면 피보나치수열이 황금비와 무슨 관계가 있는 걸까? 피보나치 수열에서 서로 이웃한 수의 비를 계산해 나가면 점점 황금비 1.618에 가까워진다. 예를 들어 3과 5의 비는 1.66이고 21과 34의 비는 1.619다. 이런 식으로 한없이 1.618에 가까워지는 것이다.

✤ 생명을 품은 황금비

황금비를 내포한 피보나치수열을 도형으로 나타내면 다음과 같다.

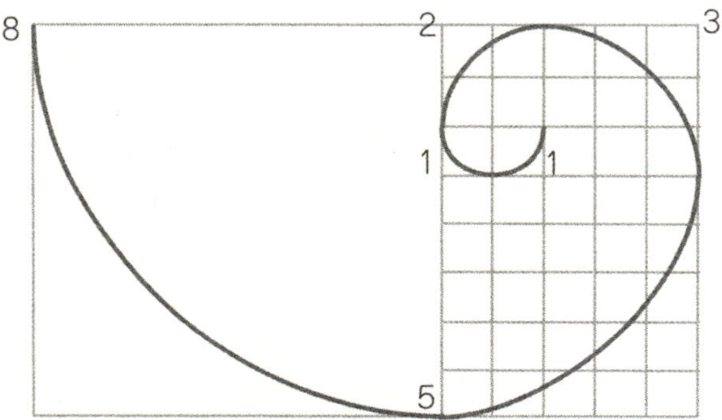

나선 모양이다. 요컨대 황금비는 나선에 숨어 있는 수라고 할 수 있다. 나선은 바깥으로, 바깥으로 휘돌아 나간다. 힘찬 움직임이 느껴진다. 유럽에서는 나선 계단을 흔히 볼 수 있다.

황금비를 그리는 나선은 자연계 안에서도 찾아볼 수 있다. 해바라기 꽃이 좋은 예다. 해바라기 꽃을 유심히 살펴보면, 씨앗이 시계 방향과 반시계 방향으로 각각 소용돌이치듯 나선을 그리며 늘어서 있다. 그리고 나선을 이루는 씨앗의 수는 서로 이웃한 두 숫자가 황금비를 이룬다. 시계 방향으로 감긴 나선의 씨앗 수가 21개라면 반시계 방향으로 감긴 나선의 씨앗 수는 34개다. 자연의 신비함이 느껴지는 순간이다.

신비한 점은 이것만이 아니다. 씨앗이 박힌 각도도 황금각을 이루고 있다.

황금각이란 360도의 원을 황금분할한 각을 뜻한다.

$$1 : \frac{1+\sqrt{5}}{2}$$

이 황금비로 360도를 분할하면 137.5도 대 222.4도가 된다. 해바라기 씨앗은 137.5도의 황금각을 이루며 박혀 있다.

해바라기에게 황금각과 나선은 생존 경쟁에서 이기기 위한 가장 적절한 전략일 것이다. 황금각과 나선 형태로 씨앗을 배열하면 좁은 공간에 최대한 많은 씨앗을 담을 수 있으므로 번식에 유리하다.

수목의 나뭇잎도 마찬가지다. 키 큰 나무를 올려다보면 나뭇잎이 어느 것 하나 겹쳐지는 것 없이 서로 떨어져 있음을 알 수 있다. 햇빛을 가장 효율적으로 받기 위해서다.

나선에 숨어 있는 황금비는 식물의 모양에서만이 아니라 생명의 근원이라 할 수 있는 DNA에서도 찾을 수 있다. 생물 교과서에 실린 DNA의 확대 사진을 떠올려 보라. DNA는 나선 구조로 되어 있는데 분자 하나의 길이와 폭의 비율이 약 1.62다.

그 외에도 소라나 고둥의 껍데기, 나팔꽃의 덩굴, 솔방울 모양에서도 나선 모양을 찾을 수 있다. 그리고 은하계도 나선 혹은 소용돌이를 그리고 있다. 이것은 어쩌면 우주가 살아 있다는 증거가 아닐까.

DNA라고 하는 생명의 근원에서 우주까지 생명을 가진 모든 것이 나선을 그린다. 요컨대 황금비로 이루어져 있는 것이다. 중심에서 바깥을 향해 뻗어 나가는 모양은 생명의 약동감을 일깨운다. 이것이 황금비가 만들어 낸 세계관이다.

황금비와 백은비는 어떻게 다른가?

황금비와 백은비의 차이를 간단하게 살펴보자.

황금비는 서양의 아름다움을 상징한다. 또한 자연에서 발견할 수 있는 비율이다. 이에 반해 백은비는 일본의 아름다움을 상징하며 인위적인 것에 등장하는 비율이다.

황금비의 아름다움이 '나선'이라면 백은비의 아름다움은 '정사각형'이다.

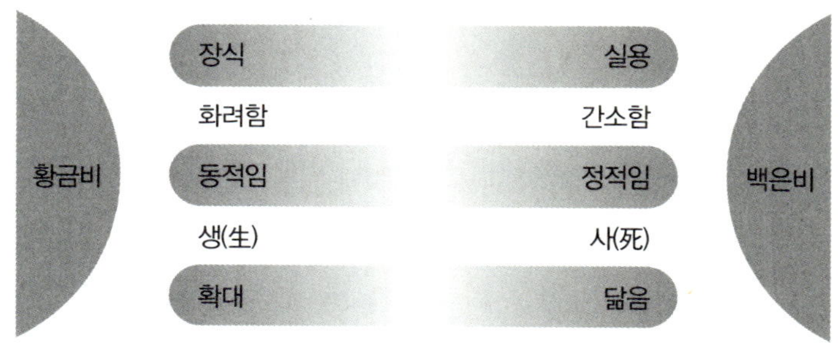

정사각형은 일본 문화 곳곳에서 볼 수 있다. 차를 마시는 공간이나 전통적인 방의 모습도 정사각형이다. 바깥을 향해 넓어지는 것이 나선이라면, 안쪽을 향하는 것이 정사각형이다. 정사각형은 백은비이므로 면적이 크든 작든 닮은꼴이다.

일본인은 정사각형이라는 형태 안에서 우주를 본 것이 아닐까.

서양의 꽃꽂이

앞에서 소개한 것처럼 원에 내접한 정사각형은 가장 낭비가 없는 형태다. 즉 정사각형은 그 자체로 완결된 것이다. 거기서 '정(靜)'이라는 개념과 이어진다.

요컨대 서양은 자연이 합리적으로 선택한 황금비를 문화에 도입했고 일본은 자연에서 합리적인 수로 백은비와 정사각형을 찾아내어 그것을 문화에 도입했다.

서양 문화와 일본 문화가 각각 황금비와 백은비를 어떻게 받아들였는지 보여 주는 대표적인 사례가 꽃꽂이다. 서양의 꽃꽂이는 8:5:3을 기본으로 한다. 포인트가 되는 높이를 8:5:3으로 하거나 꽃을 8송이, 5송이, 3송이씩 모아서 꽂는다. 한편 일본의 꽃꽂이는 7:5:3을 기본으로 한다. 서

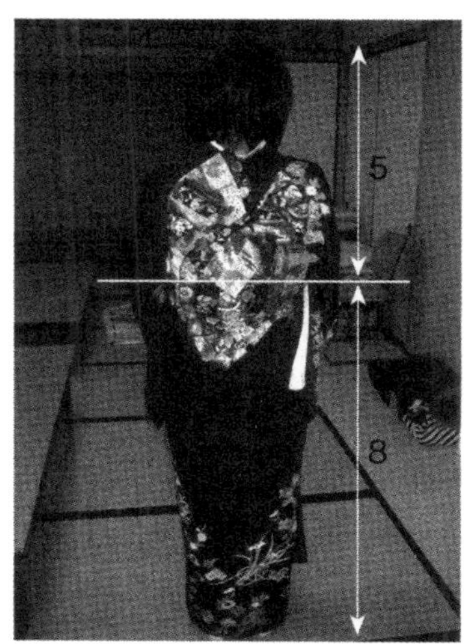

기모노는 8:5

양 꽃꽂이에 등장하는 8:5는 황금비의 수이고, 일본 꽃꽂이에 등장하는 7:5는 백은비의 수다.

그러나 이 차이는 절대적인 것이 아니다. 서양 문화에도 백은비가 있고 일본 문화에도 황금비가 있다.

일본 전통 복식인 기모노는 위로 5, 아래로 8이 되는 부분에 오비(기모노의 띠)를 둘러 입는다. 나라(奈良)에 있는 야쿠시지(藥師寺)의 탑이나 교토의 긴카쿠지(金閣寺)에서도 황금비를 볼 수 있다.

황금비와 백은비는 서로 정반대인 것을 만들어 내는 수라고 할 수 있지만 어느 것이나 우주와 대자연, 생명과 관련이 깊은 신비로운 숫자라는 점에서는 차이가 없다.

황금비의 8:5, 백은비의 7:5라는 숫자는 각각 유럽과 일본에서 환영받는 숫자다.

3, 5, 8은 피보나치수열에서 볼 수 있다. 그러면 일본인이 좋아하는 3, 5, 7은 어디에서 온 것일까?

이것은 숫자 가운데 홀수에서 온 것이다. 1, 3, 5, 7, 9 …… 가 홀수다. 이 가운데 3, 5, 7은 '연속하는 3개의 소수(소수 세 쌍, prime triplet)' 이기도 하다.

소수는 1과 자신 이외에 약수를 가지지 않는 자연수, 다시 말해 1과 자신 이외의 수로는 나누어지지 않는 양의 정수다.

그러므로 소수는 자립한 수라고 할 수 있다. 예를 들어 6은 2와 3으로 나누어지므로 홀로 선 수가 아니다. 반면 3이나 5는 홀로 설 수 있다. 일본인은 이처럼 수의 세계의 '기본'이 되는 소수에 신비함을 느꼈는지도 모른다.

지금까지 황금비와 백은비에 대해 이모저모 살펴보았다. 마지막으로, 황금비와 백은비에 얽힌 이야기에는 3과 5라는 숫자가 자주 등장한다. 유럽에서는 3을 신의 숫자라고 여겨 3이라는 숫자를 좋아한다. 기독교에서 3은 삼위일체를 상징하는 숫자다.

🧩 수는 살아 있다

복사 용지에서 우주에 이르기까지 다양한 영역에서 $\sqrt{2}$는 기능성을, $\sqrt{5}$는 아름다움을 창조하며 활약한다. 수의 눈부신 활약상을 보다 보면 수가 살아 있다는 생각이 절로 든다. 살아 있는 것을 바라보는 시선을 수에게도 돌려 보자. 수와 친해지려면 이 시선이 중요하다.

인간은 살아 있는 것에 이름을 붙이고 말을 건다. 지금까지 각각의 수에 의미를 부여하고 이름을 붙여 말을 걸어 왔다.

수는 입을 열지 않는다. 다만 침묵한 채 우리가 모르는 곳에서 조용히 우리 삶을 떠받치고 있을 뿐이다.

$\sqrt{}$ 만 보아도 root(뿌리)의 머리글자 r을 변형해 만든 기호다. 요컨대 식물의 뿌리에서 $\sqrt{}$ 가 나온 것이다. 알면 알수록 수가 살아 있는 듯 느껴진다.

세계보다 한발 앞서 '대수(代數)'를 발명한 세키 다카카즈

전자계산기와 컴퓨터가 발달한 요즘에는 종이에 숫자를 써서 계산하는 이른바 필산(筆算)이 그다지 대수로울 것도 없는, 오히려 번거로운 일이 되었다. 하지만 예전에는 그야말로 획기적인 발명이었다. 필산을 발명한 이는 에도시대의 천재 수학자 세키 다카카즈(關 孝和, 1640?~1708, 일본)다.

필산이 발명되기 전에 일본 셈법에 주로 쓰인 계산 도구는 산목(算木)[25]과 주판이었다. 산목은 아스카시대(6세기 중반에서 7세기 중반)부터 사용되었다. 주판이 전래된 것은 그보다 더 늦은 시기로 알려져 있다.

산목과 주판을 사용해 빠르게 계산할 수 있었던 까닭에 당시 사람들은 다른 계산 방법을 찾으려 하지 않았다. 게다가 당시의 필기도구는 붓이었고 숫자는 한자였다. 붓으로 종이에 써 가며 계산할 생각은 아예 하지도 않았을 것이다.

그러나 세키 다카카즈는 산목과 산반(算盤)[26], 주판으로는 계산할 수 없는 문제가 있다는 사실을 깨달았다. 숫자 대신 숫자를 대표하는 x, y 등의 문자를 사용해 계산하는 대수 계산이 그것이었다.

세키 다카카즈가 고안한 '방서법(傍書法)'은 숫자 대신 갑, 을, 병, 정이나 12지의 이름을 이용해 계산하는 방법이었다. 당시에는 대수라고 불리지 않았다.

현대에는 x, y 등의 문자를 이용해 계산하는 것을 당연하게 받아들인다. 오늘날 당연시되는 이러한 방법을 세계에 한발 앞서 일본이 발명했다는 사실은 놀랄 만한 일이다. 방서법 덕분에 필산을 할 수 있게 되자 일본의 수학은 비약적으로 발전했다.

---

25) 길이 3~14센티미터의 가늘고 긴 직육면체로 세로 혹은 가로로 늘어놓아 수를 나타낸다. 나무나 대나무를 깎아 만들었다.
26) 산목을 이용해 계산할 때 쓰는 판. 나무나 종이로 만든 것이 많다.

7

1미터는 어떻게 만들어졌을까?

호기심아저씨　선생님, 학창 시절에 배운 1미터의 정의를 기억하십니까? "1미터는 지구 북극에서 적도까지의 자오선 길이의 1,000만분의 1이다."라고 하는 거요. 우리 집 둘째 아이가 얼마 전에 학교에서 그걸 배웠다더군요.

황당 박사　자오선의 1,000만분의 1. 이야, 이거 오랜만에 들어 보네요. 저도 배운 기억이 납니다.

호기심아저씨　애가 저더러 물어요. 왜 자오선 길이의 1,000만분의 1이냐고. 다른 곳을 재도 되지 않느냐고. 듣고 보니 아이 말도 일리가 있더군요. 왜 하필 자오선이었는지 저도 궁금해졌습니다.

황당 박사　소박한 의문이 생기셨군요. 배운 것에 의문을 품는 것은 좋은 일이지요. 왜 자오선을 기준으로 했는지, 여기에는 충분한 이유가 있습니다.

호기심아저씨　으음, 무슨 이유인가요?

황당 박사　미터 단위가 생겨난 역사적 배경부터 이야기해 보지요. 미터 단위를 만든 계기는 프랑스혁명이었습니다.

호기심아저씨　프랑스혁명요?

황당 박사　예. 혁명이 일어나기 전까지 프랑스는 물론 세계 어디에도 미터라는 단위는 없었습니다.

호기심아저씨　허, 놀라운 이야기네요.

황당 박사 지금은 세계 어딜 가도 미터 단위가 통용되지만, 과거 어느 시점까지는 나라마다, 지역마다 단위가 달랐습니다. 제각각이었지요. 세계 공통 단위라는 건 없었어요.

호기심아저씨 그 어느 시점이란 게 바로 프랑스혁명이라는 말씀이군요.

황당 박사 그렇습니다. 프랑스혁명 당시 혁명정부가 미터라는 단위를 생각해 냈지요. 그 후 미터는 점차 세계 기준으로 자리를 굳혀 갔습니다. 그 이면에는 결코 예사롭지 않은 노력이 숨어 있답니다.

호기심아저씨 그랬군요.

황당 박사 또 미터 단위를 만든 다음부터 다른 단위도 만들기 시작했지요.

호기심아저씨 그래요? 이거, 전혀 몰랐습니다.

황당 박사 모든 단위의 시초가 된 미터의 탄생에는 눈물 없이는 들을 수 없는 이야기가 숨어 있습니다. 궁금하지요?

호기심아저씨 어디 한번 들어나 봅시다.

황당 박사 설마 안 듣고 싶으신 겁니까? 아무튼 말씀드리지요.

✿ 프랑스혁명에서 탄생한 미터

오늘날에는 세계 어디서나 길이를 재거나 무게를 잴 때 혹은 다른 것을 잴 때 공통 단위를 사용한다. 그러나 프랑스혁명이 일어나던 무렵까지는 나라마다 사용하는 단위가 달랐다. 단위는 생활과 밀착된 것이기에 생활 습관이나 문화가 다르면 단위도 달라지게 마련이다.

예컨대 일본에서는 줄곧 척관법(尺貫法)을 사용했고 영국에서는 야드(yard)·파운드(pound)법을 사용해 왔다. 이러한 단위들은 생활과 밀착된 것이니만큼 사용하기 매우 편리해 오늘날에도 여전히 쓰고 있다.

척관법

길이	간(間)	1.8m
무게	근(斤)	600g
용적	승(升)	1.8L
면적	평(坪)	3.3m²

※ 미터법으로 환산한 대략의 값

야드·파운드법

길이	인치(inch)	2.54cm
	피트(feet)	30.48cm
	야드(yard)	91.44cm
	마일(mile)	160934.4cm
무게	파운드(pound)	454g
	배럴(barrel)	159L

이처럼 단위가 다르더라도 무역이 활발하지 않았던 시대에는 아무런 문제가 되지 않았다.

그런데 1789년 프랑스에서 대혁명이 일어났고, 혁명정부는 미터라는 지금까지 없던 새로운 단위를 고안했다.

혁명은 말 그대로 낡은 체제를 타파하고 새로운 체제를 실현하고자 하는 운동이다. 혁명정부는 지역마다 다른 도량형 단위를 낡은 체제 그 자체로 보았다. 그래서 새로운 단위 체계로 도량형을 통일하는 것이야말로 정부가 해야 할 일이라고 생각했다.

참고로 미터는 당시 유럽 각지에서 사용되던 큐빗(cubit)[27)]이라는 길이 단위를 2배로 한 더블 큐빗(double cubit)을 기준으로 삼은 것이다.

새로운 척도를 만들겠다는 혁명정부의 계획은 단지 구체제를 전복하기 위한 것만이 아니었다. 거기에는 국경을 제대로 측량하겠다는 실용적인 목적도 있었다. 국경 확정은 통치력과 직결되는 문제였다.

27) 고대 이집트, 바빌로니아 등지에서 사용하기 시작한 길이 단위. 1큐빗은 팔꿈치에서 가운뎃손가락 끝까지의 길이(약 18인치, 45.72센티미터)를 말한다. 단, 시대와 지역에 따라 1큐빗의 크기는 조금씩 달랐다.

구체적인 목적이야 어떻든 프랑스혁명 정부는 자국의 혁명만이 아니라 앞으로 다가올 새로운 시대를 위해 새로운 단위를 만들기 시작했다. 혁명정부는 세계 공통 단위의 필요성을 인식하고 있었던 것이다.

그래서 프랑스과학아카데미에 위원회를 설치하고, 논의를 거쳐 다음과 같은 3가지 방법 중 하나를 채택해 미터를 정하기로 했다.

① 북극에서 적도까지의 자오선 길이의 1,000만분의 1

② 적도 둘레 길이의 4,000만분의 1

③ 북위 45도 지점에서 시작점에서 끝점까지 1초가 걸리는 진자의 줄
　길이

3가지 모두 대대적인 조사가 필요한 일이다. 좀 더 간단한 방법이 있을 듯도 한데 왜 이렇게까지 대규모 조사가 필요한 방법을 쓰려고 했을까? 그 이유는 지구 위 누구라도 인정할 수 있는 보편적인 척도여야 국제표준단위로 쓸 수 있다고 생각했기 때문이다. 지구를 기준으로 하는 것이 가장 정확하고 보편적인 방법이었다. 그래서 지구를 기준으로 하는 3가지 측량 방법을 고안한 것이다.

이 3가지 방법 중 결국 채택한 것은 ①의 '북극에서 적도까지의 자오선 길이의 1,000만분의 1'이었다.

자오선은 북극과 남극을 잇는 선이다. 이 자오선을 따라 북극과 적도까지의 거리를 1,000만 미터로 하고, 그 길이의 1,000만분의 1을 1미터

로 한다고 정했다.

왜 ②와 ③은 채택하지 않았을까?

①은 남북의 길이를 재는 것이고 ②는 동서의 길이를 재는 것이므로 방법 면에서는 서로 비슷하다. 그러나 ②는 ①에 비해 단점이 있었다. 동서로는 바다가 많고 적도에는 열대 지역이 많기 때문에 측량하기가 쉽지 않았다. 측량이 어렵다는 단순한 이유에서 ②는 제외시켰다.

그러면 ③은 왜 채택하지 않았을까? ③은 북위 45도 지점에서 줄을 늘어뜨려 1초간 움직이는 길이를 1미터로 정한다는 것이다.

얼핏 보면 문제가 없을 것 같지만 길이를 정의하는 데 시간을 이용해야 한다는 점 때문에 결국 제외했다. 당시에는 지금과 달리 정확한 시계가 없었다. 또 장소에 따라 중력이 다르다는 점도 문제였다.

삼각측량의 어려움

결과적으로는 ①의 방법인 '북극에서 적도까지의 자오선 길이의 1,000만분의 1'을 채택했지만 그 길이를 재는 일이란 결코 쉽지는 않았다.

북극에서 적도까지를 재는 일은 역시 어려웠다.

그래서 파리를 통과하는 경선과 동일한 경선에 있는 프랑스 북부 도시 됭케르크(Dunkerque)에서 스페인 남부 해안의 바르셀로나까지의 길이를 삼각측량을 되풀이해 가며 쟀다.

삼각측량 방법은 다음과 같다.

우선 기준이 되는 두 점 A, B를 정한다. 이 두 점 사이의 거리, 즉 선분 AB의 길이는 정확하게 알고 있는 것으로 가정한다. 여기서 이 두 점을 양 끝으로 하는 직선을 기선(基線)이라고 한다. 이 선과 떨어진 곳에 점 C를 두어 삼각형 ABC를 만든다.

그리고 트랜싯(transit)이라고 불리는 각도계측기를 사용해 삼각형

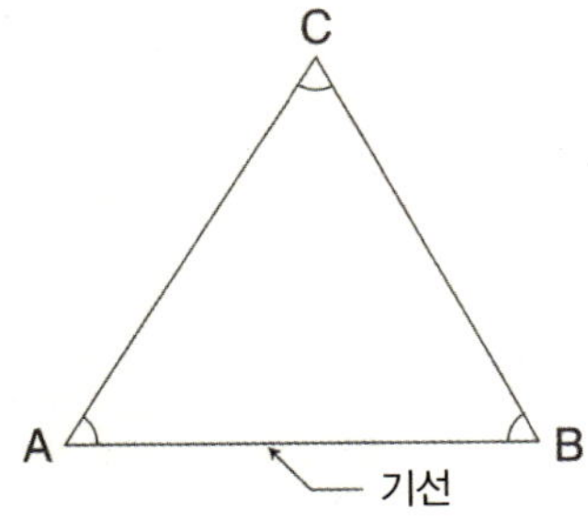

ABC의 모든 내각 각도를 잰다.

기선의 길이와 내각의 각도를 알면 변 AC와 BC의 길이를 구할 수 있다. 여기에 사용되는 수식이 우리가 학창 시절에 배운 사인법칙이다.

다음 식을 보면서 복습해 보자.

사인 법칙

$$\frac{BC}{\sin A} = \frac{AC}{\sin B} = \frac{AB}{\sin C} = 2R$$

※ R은 △ABC의 외접선의 반지름

이 수식을 조금 변환하면 이렇게 된다.

$$BC = \sin A \times \frac{AB}{\sin C}$$

$$AC = \sin B \times \frac{AB}{\sin C}$$

사인 법칙을 사용해 기선의 길이와 각도로 변 AC, BC의 길이를 계산한다. 이것을 삼각법이라고 한다. 이어서 점 D를 정하면 같은 방법으로 선분 CD, BD를 구할 수 있다.

이와 같이 연쇄적으로 삼각형을 만들면 오차가 작은 긴 기선을 만들 수 있다. 기준이 되는 점을 삼각점이라고 하고, 차례차례 만든 삼각형의 모임을 삼각망이라고 한다.

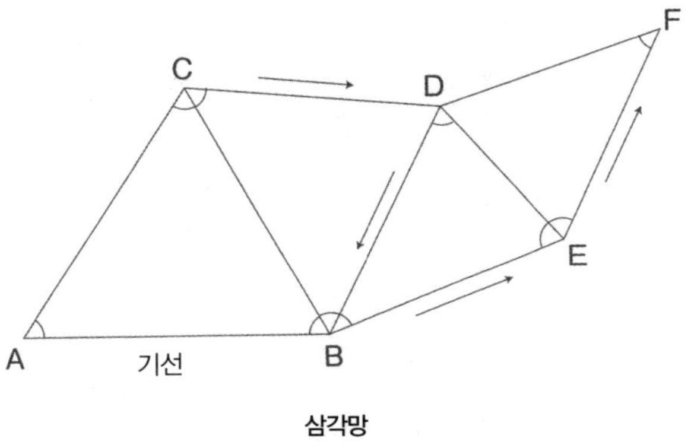

삼각망

측량을 시작한 것은 1792년이었다.

삼각측량법을 이용한다 하더라도 측량은 쉬운 일이 아니었다. 혁명 직후였던 만큼 프랑스는 국내 정치 상황이 극히 불안했고 국경을 맞대고 있는 스페인과도 대치하고 있는 상태였다. 게다가 산악 지대가 많았다.

측량을 하던 많은 사람이 조난을 당하거나 간첩으로 오인받아 목숨을 잃었다. 그래도 사람들은 프랑스의 됭케르크에서 스페인의 바르셀로나까지 삼각측량을 계속해 거리를 재어 나갔다. 측량은 1798년에 끝났다. 7년 동안 측량한 결과 마침내 미터의 정식 길이가 정해졌다. 그리고 이 미터를 기준으로 해 다른 단위도 다음과 같이 정의했다.

$1\,dm^3$(세제곱데시미터)의 물의 질량 = 1kg(킬로그램)

$100\,m^2$(제곱미터)의 면적 = 1a(아르)

$1\,m^3$(세제곱미터)인 마른 물품(곡물, 건과 등) 양의 부피 =1st(스티어)

$1\,m^3$(세제곱미터)인 액체 양의 부피 = 1,000L(리터)

면적은 '변의 길이×변의 길이'이므로 길이를 정하면 면적의 단위를 만들 수 있다. 부피나 액체의 질량도 마찬가지다. 당시에는 세계공통단위가 길이, 면적, 부피, 질량뿐이었다. 혁명정부는 이 4가지 단위로 미터법을 만들었다.

그런데 단위에는 시간의 단위도 있다. 십진법을 사용한 새로운 시간 단위를 만들자는 이야기도 있었지만 예전처럼 '초'를 사용하는 것으로 결론이 났다.

많은 노력과 시간을 들여 간신히 미터의 정식 길이와 여러 단위를 정해 미터법을 만들었건만 일반에 보급되는 데는 시간이 걸렸다. 프랑스에도 과거부터 줄곧 써 온 단위 체계가 있었기 때문이다. 기존 단위 체계에 익숙한 사람들의 반대 여론이 높아 미터법은 좀처럼 받아들여지지 않았다. 결국 1827년에 미터법 사용을 법률로 정하면서부터 겨우 일반에 보급되기 시작했다.

국가 간 무역이 점점 활발해지면서 각국은 단위 통일의 중요성을 인식하기 시작했다. 그리하여 1867년에 각국의 학자가 모여 미터법으로 국제 도량형 단위를 통일할 것을 결의하고 1875년에 유럽 각국이 미터법 도입에 상호 협조한다는 취지의 미터 조약을 체결했다.

미터는 프랑스가 정식 길이를 정한 지 80년이 흐르고 난 뒤에야 겨우 세계 기준이 되었다.

🧩 단위의 보편적 정의

  1885년 미터 조약에 가입한 일본은 4년 후인 1889년에 프랑스 파리에 있는 국제도량형국으로부터 미터원기를 전달받았다.

  미터원기는 백금 90퍼센트, 이리듐 1퍼센트의 합금으로 되어 있으며 단면이 X자 모양이다. 양 끝에서 각각 1센티미터가 되는 부분에 2개의 눈금이 나란히 그어져 있다. 섭씨 0도일 때 양 가운데 눈금의 간격이 정확히 1미터의 길이가 된다. 확실히 물건이 있으면 이해하기 쉽다.

  미터의 정의는 프랑스 국제도량형국이 보관하고 있는 하나의 물건, 즉 국제미터원기(각국에 보내지는 미터원기의 원형)에 따랐다. 물건에 의지해 내린 정의는 태생적으로 위험을 안고 있다. 즉 예기치 못한 사고나 파손의 위험성이 존재하는 것이다. 혹여 무슨 일이라도 생기면 세계는 소중한 보물을 잃어버릴지도 모른다. 그래서 보편적인 물리 현상에 근거해 새로 정의할 필요가 있었다.

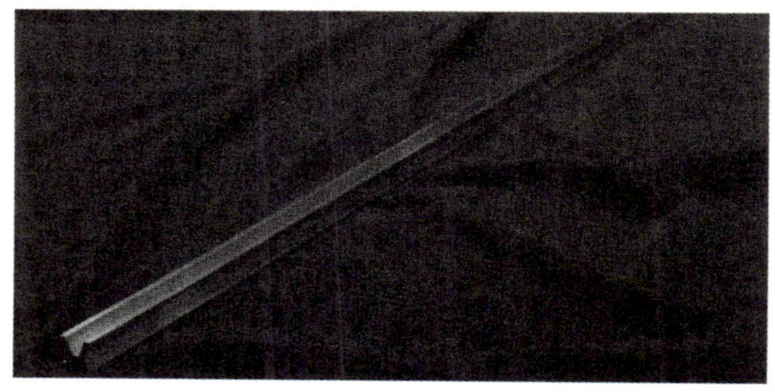

미터원기
출처 : 독일 산업기술종합연구소 계량표준관리센터

현대의 단위에는 어떤 것이 있을까?

    현재 우리가 일상에서 사용하는 단위는 미터법으로 정한 단위와 동일한 것이지만 정의는 상당히 바뀌었다.

    미터법 제정 당시 세계 공통 단위는 4개밖에 없었다. 그러나 현재 세계에서 공통으로 쓰고 있는 국제단위계(International System of Units, SI 단위계라고도 함)에는 기본 단위만 해도 7개가 있다. 길이, 질량, 시간, 전류, 열역학온도, 물질량, 광도를 각각 측정하는 7개의 단위가 국제단위계의 기본 단위다.

    왜 기준 단위가 늘어났을까? 미터법 탄생 이후 과학과 공업 등이 발달하면서 새로운 단위나 다른 크기의 단위가 필요했기 때문이다. 그래서 각 분야에서 필요한 단위를 미터법에 기초해 새롭게 만들었다.

    그리고 1960년에 국제도량형총회가 새롭게 만든 단위를 채택했다. 오늘날에는 7개의 기본 단위 이외에도 미터법의 시간과 질량, 시간 단위를 조합한 다양한 단위가 존재한다.

    그러면 SI 기본 단위, 고유 명칭과 기호로 표시되는 SI 조립 단위에 대해 알아보자.

SI 기본 단위

m(미터) kg(킬로그램) s(초) A(암페어) K(켈빈) mol(몰) cd(칸델라)

SI의 7개 기본 단위

양	기본 단위		정의
	명칭	기호	
길이	미터	m	1미터는 빛이 진공 상태에서 299,792,458분의 1초 동안 진행한 거리다.
질량	킬로그램	kg	1킬로그램은 질량의 단위이며 단위의 크기는 국제킬로그램원기와 같다.
시간	초	s	1초는 세슘 133원자의 바닥상태에 있는 두 초미세 준위 사이의 전이에 대응하는 복사선의 9,192,631,770주기의 지속 시간이다.
전류	암페어	A	1암페어는 무한히 작은 원형 단면적을 가진 무한히 긴 2개의 직선 도체가 진공 중에 1미터 간격으로 평행 배치되어 있을 때 두 도체 사이에 미터당 2×10^{-7}N(뉴턴)의 힘을 서로 미치는 일정한 전류다.
열역학 온도	켈빈	K	1켈빈은 물의 삼중점의 열역학온도의 1/273.16이다.
물질량	몰	mol	1. 1몰은 0.012킬로그램의 탄소-12 안에 존재하는 원자의 수와 같은 수의 구성 요소를 포함한 어떤 계의 물질량이다. 2. 몰을 사용할 때는 구성 요소를 반드시 지정해야 하는데, 구성 요소는 원자, 분자, 이온, 전자, 기타 입자 또는 이 입자들의 특정한 집합체가 될 수 있다.
광도	칸델라	cd	1칸델라는 주파수 540×10^{12}Hz인 단색광을 방출해, 어떤 방향으로의 방사 강도가 1sr(스테라디안)당 1/685W(와트)인 광원의 그 방향에 대한 광도다.

고유 명칭과 기호로 표시되는 SI 조립 단위

기호	고유 명칭	유도량
rad	라디안	평면각
Pa	파스칼	압력
V	볼트	전압, 전위차
Wb	웨버	자기 선속
lm	루멘	광선속
Sv	시버트	선량당량
Hz	헤르츠	주파수
W	와트	전력, 동력
Ω	옴	전기 저항
H	헨리	인덕턴스
Bq	베크렐	방사능
sr	스테라디안	입체각
J	줄	열량, 에너지, 일
F	패럿	전기 용량
T	테슬라	자기 선속 밀도
lx	룩스	조도
kat	캐탈	촉매 활성도
N	뉴턴	힘
C	쿨롱	전하량
℃	섭씨 도	섭씨온도
Gy	그레이	흡수선량

　참고로 여기 나온 단위는 대부분 사람의 이름에서 비롯된 것이다. 만약 누군가가 지금껏 알려지지 않았던 어떤 현상을 발견한다면, 그 현상을 두고 상정한 기준 단위에 그 사람의 이름을 붙일 가능성이 크다.

　기본 단위 이야기로 돌아가서, 앞쪽에 실린 도표부터 한번 읽어 보자. 어쩐지 어렵게 느껴지는 말들만 쓰여 있지 않은가?

　예컨대 길이 1미터의 정의를 보자. 이전에는 자오선의 1,000만 분의 1을 1미터라고 정의했다. 그리고 거기에 맞춰 최초의 미터원기를 만들었다. 그런데 왜 현대에 와서 새로운 정의로 대체되었을까?

　과학기술의 발달과 더불어 좀 더 안정적이고 정밀한 정의가 필요했고, 동시에 좀 더 안정적이고 정밀한 정의를 내릴 수 있었기 때문이다. 막대기에 그은 선을 기준점으로 삼았을 때보다 안정적인 빛(현재는 레이저 광선)을 이용해 기준점을 잡는 것이 안정성과 정밀도 면에서 앞선다.

　안정적인 빛을 이용하면 미터원기에 비해 정밀도가 높을 뿐만 아니라 길이를 보편적인 물리 현상으로 정의할 수 있다. 게다가 원리적으로는 장소에 상관없이 1미터를 정의할 수 있다.

　기술이 발전함에 따라 빛의 속도를 측정하는 정밀도가 높아져 진공 상태일 때 빛은 299,792,458m/s의 속도로, 즉 1초에 299,792,458미터라는 일정한 속도로 나아간다고 알려졌다.

　그리고 1983년에 제17차 국제도량형총회에서는 ‘빛이 진공에서 299,792,458분의 1초 동안 나아가는 거리’를 1미터의 정의라고 채택했다.

이와 같이 기술이 진보하고 과학이 발전하면서 단위는 좀 더 정확하게, 좀 더 정밀하게 정의되어 왔다.

시간의 정의도 마찬가지다.

현대에서 말하는 시간의 정의는 '세슘 133 원자가 방출하는 빛의 주기를 9,192,631,770배(약 92억 배)한 것'이다. 이것도 역사가 켜켜이 쌓아 올린 정의 위에서 탄생한 것이다.

고대 마야에서는 돌로 쌓아 올린 천문대에서 하늘을 관측하며 1년의 길이를 어림잡다가, 이윽고 태양과 지구의 상대적 위치 관계를 고려해 1년을 365일이라고 정했다. 어느 시대, 어느 문화권에서나 시간의 정의는 대체로 그런 식이었다.

그러나 지구의 자전주기와 공전주기에 근거한 계산으로는 오차가 생길 수밖에 없었다. 해마다 조금씩 시간 차가 생겼다.

그 차이를 해결한 것이 세슘 원자다. 1950년대에 세슘 원자를 이용한 세슘원자시계를 개발했고 1956년에 국제도량형총회에서 세슘원자시계를 기준으로 삼은 지금의 정의를 채택했다. 아직까지는 원자시계가 가장 정확하다. 정밀도가 높은 것은 3,000만 년에 1초, 정밀도가 낮은 것이라 할지라도 3,000년에 1초 정도의 오차가 생긴다.

정확한 시간은 우리 생활에서 여러 가지로 유용하게 쓰인다. 그 좋은 예가 제3장에서 소개한 GPS다. 정확한 시계 덕분에 현재 위치를 정확하게 알 수 있다. 앞에서 설명했듯이 만약 시계가 1초라도 어긋나면 현재 위치는 수십 미터 어긋난다.

열역학온도도 유심히 보면 정의가 퍽 흥미롭다는 것을 알 수 있다. 현재의 정의를 보면 '물의 삼중점(三重點)의 열역학온도의 273.16분의 1' 이다. 이것을 쉬운 말로 풀면 끓어오른 물 위에 얼음이 떠 있는 상태를 가리킨다. 있을 수 없는 이야기 같겠지만 이론적으로는 실현 가능한 이야기다.

물체에는 액체, 기체, 고체라는 3가지 상태가 있다. 이 3가지 상태가 섞여 있는 상태가 삼중점이다.

물에 얼음을 담아 준비하여 그 위에 있는 공기를 펌프로 빼면 물이 끓어오르면서 얼음이 있는 듯한 상태가 된다.

인간은 더욱 정확하고 보편적인 정의를 쉬지 않고 추구해 왔다. 지칠 줄 모르는 인간의 열정에 절로 고개가 숙여진다.

그런데 7개의 기본 단위 가운데 질량(킬로그램)의 정의만큼은 예외의 과정을 거쳤다.

1킬로그램은 '모서리가 10센티미터인 정육면체와 부피가 같은 섭씨 4도[28]의 증류수의 질량'으로 정의했고 이것을 기준으로 국제 킬로그램원기를 제작했다. 현재도 질량의 정의에는 물리 법칙이 아닌 국제 킬로그램원기를 쓰고 있다. 물론 연구는 꾸준히 진행되어 왔으나 현재까지는 이 원기를 사용하고 있다.

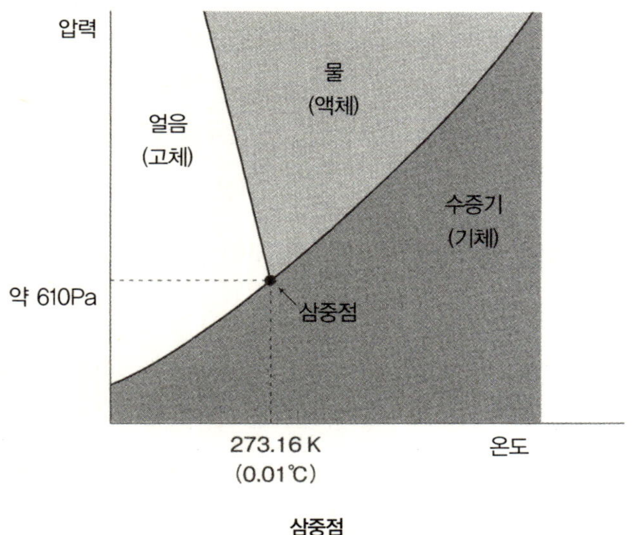

삼중점

---

28) 물의 밀도가 최대가 되는 온도.

한편으로는 철저하게 물리 법칙에 입각해 보편적인 정의를 추구하면서도 다른 한편으로는 원시적인 방법을 계속 사용하고 있는 이 불균형도 자못 흥미롭다.

단위의 접두어

지금까지 무게와 길이처럼 일상생활에서 흔히 쓰는 단위를 살펴보았다. 이제 단위 앞에 붙어 함께 사용하는 접두어에 대해 알아보자.

10^3	k	킬로
10^6	M	메가
10^9	G	기가
10^{12}	T	테라
10^{15}	P	페타
10^{18}	E	엑사
10^{21}	Z	제타
10^{24}	Y	요타

'킬로'니 '메가'니 하는 말은 컴퓨터의 저장 용량을 나타내는 단위인 바이트와 함께 자주 사용하고 있어서 우리 귀에 꽤 익숙하다. 요즘에는 기가바이트도 자주 쓴다. 30년 전만 해도 저장 용량은 킬로바이트가 주류였다. 나처럼 그 시대의 컴퓨터에 익숙한 사람이라면 기가바이트가 '킬로바이트의 10^6배'라는 설명을 들어도 금세 와 닿지 않을 것이다. 그저 용량이 어마어마하겠거니 짐작할 뿐이다.

인간이 일상생활의 편리를 위해 단위를 사용한다는 것은 두말할 필요도 없다. 10의 세제곱보다 1,000을 익숙하게 여기는 것도 당연한 일이다. 누가 10의 세제곱 원을 준다고 하면 고개를 갸웃하겠지만 1,000원을 준다고 하면 바로 알아들을 것이다.

제1장 로그 편에서도 이야기했듯이 인간은 오감과 연동되지 않으면 어쩐지 거북하게 여기거나 쉽게 납득하지 못한다. 우리 주변에서 볼 수 있는 수의 접두어 가운데 가장 큰 것을 꼽자면 페타(peta)일 것이다. 페타는 속도를 나타내는 단위에 종종 붙여 사용한다. 예를 들어 컴퓨터가 1초에 몇 번을 연산할 수 있는지 잴 때 사용하곤 한다.

현재 슈퍼컴퓨터의 연산속도는 테라플롭스(10^{12}FLOPS)로 초당 10^{12}회 연산이 가능하다. 개발 중인 슈퍼컴퓨터의 연산속도는 이보다 1,000배 빠른 페타플롭스로, 초당 10^{15}회 연산이 가능하다. 기술의 진보에 발맞추어 지금까지 없었던 단위가 속속 등장하고 있다.

한편 작은 수에는 다음과 같은 것들이 있다.

10^{-1}	d	데시
10^{-2}	c	센티
10^{-3}	m	밀리
10^{-6}	μ	마이크로
10^{-9}	n	나노
10^{-12}	p	피코
10^{-15}	f	펨토
10^{-18}	a	아토
10^{-21}	z	젭토
10^{-24}	y	욕토

나노는 미립자 성분이 포함되어 있는 화장품 광고에 종종 등장해 일반인에게도 비교적 잘 알려진 편이다. 나노미터[29]의 작은 세계를 다루는 과학기술을 나노테크놀로지라고 일컫는다.

무심코 지나친 단위에도 이처럼 흥미로운 이야기가 가득 숨어 있다.

과학의 진보와 더불어 우리 생활 깊숙이 자리 잡고 있는 단위에도 변화가 생겼다. 단위의 정밀도가 향상되었을 뿐만 아니라 새로운 단위도 속속 등장했다.

달리 말하면 단위는 항상 인간과 보조를 맞추면서 역사를 등에 지고 미래로 나아가고 있다.

여기서 잠깐 시선을 돌려 우리가 일상생활에서 수를 세는 단위로 사용하는 것들을 찾아보자. 우리는 사람이나 책을 셀 때 그것에 적절한 단위를 사용한다. 세는 대상이 달라지면 단위도 달라진다. 어쩌면 우리는 이러한 단위를 통해 대상의 본질을 무의식적으로 감지하는지도 모른다.

단위가 성립되어 온 역사를 들여다보면 우리 주변에 있는 사물이나 현상을 수를 통해 받아들여 왔음을 알 수 있다. 그리고 수에는 시대와 지역에 걸맞은 단위가 더해졌다.

우리 조상도 사물과 수를 접하며 그들의 감성에 어울리는 수많은 단위를 만들었다. 우리는 지금도 그 많은 단위를 매일같이 사용하면서 편리하고 편안한 생활을 누린다.

---

29) 1나노미터는 1미터의 10억분의 1이다.

누구든 한 번쯤은 단위의 잘못된 쓰임새에 위화감을 느끼거나 올바른
쓰임새에 고개를 끄덕인 경험이 있을 것이다.

인류는 사물과 현상을 제대로 이해하기 위해 앞으로도 계속 수와 단위
를 곁에 두고 살아갈 것이다.

일본 수학 발달에 공헌한 다케베 가타히로

다케베 가타히로(建部 賢弘, 1664~1739, 일본)의 초상화는 단 한 점도 남아 있지 않다. 그러나 그가 일본 수학사에 깊게 새긴 발자국만큼은 지금도 선명하다.

신분 높은 가신의 셋째 아들로 태어난 다케베는 어려서부터 수학에 열중해 12세라는 어린 나이에 당대의 천재 수학자 세키 다카카즈의 제자가 되었다. 21세 되던 해, 세키 다카카즈의 『발미산법(發微算法)』의 해설서인 『발미산법연단언해(發微算法演段諺解)』를 지어 세키 다카카즈의 수학을 단숨에 세상에 알렸다. 그리고 같은 해에 세키 다카카즈의 수학을 집대성하는 『대성산경(大成算經)』 집필에 착수해, 세키 다카카즈가 사망한 후인 1770년에 전20권으로 완성했다.

다케베의 업적 가운데 가장 빼어난 것이 원주율의 계산이다. 스승 세키 다카카즈는 정131072각형에서 원주율(π)을 소수점 이하 열한 자리[30]까지 구했지만, 다카베는 그보다 훨씬 작은 정1024각형에서 소수점 이하 41자리를 구했다.

또 1727년에는 『철술산경(綴術算經)』에서 원주율 공식을 제시했는데 이는 천재 수학자 오일러가 미분과 적분을 이용해 같은 공식을 찾아낸 것보

---

[30] 세키 다카카즈가 구한 원주율의 값은 3.14159265359로, 소수점 이하 10자리까지 맞았다.

다 15년 앞선다. 다케베 가타히로는 말 그대로 세계와 어깨를 나란히 하며 수학을 연구했던 것이다. 그리고 그는 도쿠가와 막부의 세 쇼군(將軍)[31]을 잇달아 섬긴 화산가(和算家)로서 독자적으로 화산[32]을 발전시키고 보급하는 데에 공헌했다.

오늘날 일본 수학회는 세키 다카카즈 상과 다카베 가타히로 상을 제정해 두 천재 수학자의 업적을 기리고 있다.

---

31) 도쿠가와 이에노부(德川 家宣) · 이에쓰구(家繼) · 요시무네(吉宗).
32) 특히 에도시대에 독자적으로 발전한 일본 전통 수학.

8

미분과 적분은 느낌으로 이해한다!

호기심아저씨 어제 우리 애가 그러더군요. 미분이니 적분이니 하는 게 무슨 쓸모가 있느냐고. 어쩌면 좋을까요? 저도 학교 다닐 때 그랬으니 애 심정도 이해가 가지만, 그렇다고 내버려 둘 수도 없고…….

황당 박사 아드님이 그렇게 이야기하는 것도 무리가 아닙니다. 수학 교과서를 아무리 봐도 미분과 적분이 어디에 도움이 되는지 나와 있지 않으니까요. 교과서가 그저 번거로운 계산 방법만 늘어놓고 있는 것 같겠지요.

호기심아저씨 그러니 이를 어쩝니까? 일단 저부터 이해해야 아이한테 제대로 가르쳐 줄 수 있을 텐데, 무슨 좋은 방법이 없겠습니까? 제발 그걸 좀 가르쳐 주셨으면 합니다.

황당 박사 그렇군요. 방법이 없지는 않습니다.

호기심아저씨 정말입니까? 꼭 좀 가르쳐 주세요. 수학에서 손 뗀 지 한참 지났지만, 선생님 강의를 죽 듣다 보니 수학에 흥미가 생기더군요. 이 나이에 새삼스런 말이지만, 저도 미분과 적분의 의미를 알고 싶습니다.

황당 박사 알겠습니다. 그렇게 말씀하시니 저도 가만히 있을 수 없네요. 그럼 이번에는 계산을 하지 않고 미분과 적분의 의미를 설명해 보겠습니다. 물론 의미를 정확하게 빈틈없이 이해하려면 설명에 반드시 계산이 따라야 하겠지요. 하지만 그래야 한다면 계산이 서툰 사람은 평생 미분과 적분의 의미를 알지 못할 겁니다. 이번엔 대체적인 개념을 파악하는 것을 목표로 설명해 드리겠습니다. 세세한 부분은 제쳐 두고 과감하게 나갑시다.

호기심아저씨 그거 좋군요. 그렇게만 해 주시면 저도 따라가기 쉬울 것 같습니다.

황당 박사 예, 알겠습니다. 일단 대략적인 개념을 파악하고 나면 좀 더 구체적으로 알고 싶단 생각이 드실 겁니다. 그렇게 한 걸음씩 수학과 친해지는 단계를 밟아 가는 거지요.

호기심아저씨 저도 그랬으면 좋겠습니다. 이거 참, 소풍 전 날 어린애처럼 가슴이 설레네요.

황당 박사 자, 그럼 강의를 시작하겠습니다.

느끼는 것과 수학의 관계

이쯤에서 잠깐 수학에 대한 나의 의견을 밝히고자 한다.

수학에 조예가 깊은 사람이라면 수식을 사용하지 않고 미분과 적분을 해설하겠다는 말에 "그래도 괜찮을까? 그것으로 충분할까?"라는 의문을 품을지도 모르겠다.

그렇다면 수식을 사용하기만 하면 미분과 적분의 의미를 제대로 전달할 수 있는 걸까? 내 생각은 그렇지 않다. 실제로 계산만 할 줄 알면 된다는 생각을 하고 있어 수식은 이해하면서 의미는 제대로 이해하지 못하는 고교생이나 대학생이 많다.

과연 그래도 괜찮은 것일까? 나는 그 사실에 줄곧 의문을 느껴 왔다.

여기서 잠깐 '이해하다.'라는 말의 의미부터 짚고 넘어가겠다.

예컨대 '타고 있는 난로는 뜨겁다.'라는 상황을 생각해 보자. 난로가 뜨거운지 뜨겁지 않은지 가장 쉽게 알려면 가까이서 쬐거나 손을 대 보면 된다. 즉 몸으로 '느끼는' 것이다. 이것은 여러 상황을 파악해 '이해하고 있다.'라고 바꾸어 말할 수 있다.

그런데 만약 그 자리에 없는 사람 혹은 난로라는 것을 모르는 사람에게 '뜨겁다.'라고 전했을 경우 그 사람은 어떻게 생각할까? 전해 들었기 때문에 '뜨겁다'라는 사실은 알아도 화상을 입을 만큼 뜨거운지, 그럭저럭 참을 수 있을 만큼 뜨거운지는 알 수 없다.

'뜨겁다' 라는 지식이나 개념을 그저 알고 있을 뿐 이해하고 있는 상황이라고는 할 수 없다.

이 이야기는 미분과 적분에 그대로 적용할 수 있다.

나는 앞에서 수식을 사용하지 않고 미분과 적분을 설명한다고 했다. 난로의 뜨거움을 그저 아는 것이 아니라 몸으로 느껴 이해하는 것처럼, 우선 미분과 적분을 몸으로 느끼기를 바라기 때문이다. 몸으로 느끼면 좀 더 수학의 본질을 이해할 수 있기 때문이다.

그러면 어떻게 해야 미분과 적분을 몸으로 느낄 수 있을까?

방법은 의외로 간단하다. 자동차나 비행기 같은 교통 수단을 타 보면 된다.

지금부터 가족이 함께 차를 타고 유원지로 출발한다.

아버지가 액셀러레이터를 밟으면 즐거운 드라이브가 시작된다. 자, 이제 몸으로 느끼는 감각을 떠올리면서 미적분의 여행을 떠나 보자.

액셀러레이터를 밟으면 차는 움직이기 시작하고, 브레이크를 밟으면 차는 멈춘다. 누구나 다 이해하는 사실이다. 아버지는 속도계를 힐끔힐끔 쳐다보며 운전을 한다. 속도계가 시속 30킬로미터 부분을 가리키고 있다.

여기서부터 미분의 문제다.

속도계가 가리키는 시속 30킬로미터라는 수치. 이것은 1시간 주행하면 30킬로미터의 거리를 나아간다는 말이다. 이 말은 무슨 의미일까?

실제로 차는 1시간 내내 일정한 속도로 움직이는 것이 아니다. 가다가 멈추기도 하고 달리기도 한다. 여기서 우리는 속도계가 가리키는 숫자가 시간당 '평균 속도'가 아니라는 사실을 알 수 있다.

그렇다면 속도계는 도대체 무엇을 가리키는 것일까? 그것은 수학적으로 말하면 순간 속도라는 것이다. 바로 이것이 미분이다.

그러면 여기서 수학적인 표현으로 쓴 순간이라는 말의 의미부터 알아보자.

1시간은 순간일까? 수학적으로는 그렇지 않다. 1분, 1초도 마찬가지다.

여기서 말하는 '순간'이란 무한히 작은 시간이다. 시간이 무한히 작아지면 '이동 거리'도 당연히 작아진다. 이때의 이동 거리와 순간(시간)의 비(比)를 순간 속도라고 하고 수학에서는 미분이라고 한다.

미분이라는 말만 들어도 진저리를 치는 사람이 적지 않겠지만, 이처럼 속도계로 미분을 생각해 보면 어떨까? 실제로 우리 주변에 미분이 존재하고 있다는 사실만으로도 한결 친근하게 느낄 것이다.

그러면 여기서 그래프를 보면서 좀 더 자세하게 알아보자.

다음 그림은 액셀러레이터를 밟을 때의 차의 위치와 시각의 관계를 나타낸 그래프다.

액셀러레이터를 밟아 가면 속도는 0km/h에서 10km/h, 30km/h, 50km/h가 되고, 그래프의 접선의 기울기가 점점 커져 간다.

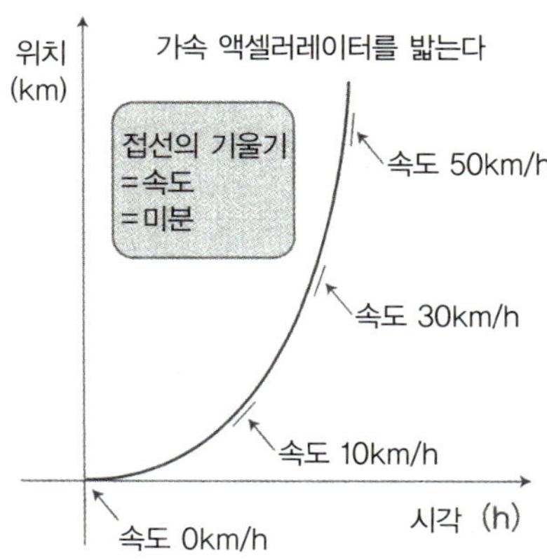

위치-시각 그래프 1

‘순간 속도’는 이 그래프의 접선의 기울기를 말한다. 즉 속도계가 가
리키고 있는 차의 속도다. 반복하건대 이것이 미분이다.

🧩 미분과 힘

차가 속도를 낼 때 차에 타고 있는 사람은 자기 자리로 밀리는 감각을 느낀다. 속도에 변화가 없을 때는 시속 30킬로미터든 100킬로미터든 밀리지 않는다. 고속도로에서 시속 100킬로미터로 달리고 있을 때도 줄곧 그 속도대로만 달리면 물병이 쓰러지거나 하는 일은 벌어지지 않는다.

하지만 운전자가 갑자기 액셀러레이터를 밟는 바람에 몸이 뒤로 넘어가거나 브레이크를 밟는 바람에 몸이 앞으로 쏠렸던 경험은 누구에게나 있을 것이다. 모두 갑자기 가속하거나 감속하여 '힘이 가해진' 상태가 되면서 벌어지는 일들이다.

액셀러레이터를 밟아 가속하고 있을 때 접선의 기울기(각도)는 커진다. 한편 일정한 속도로 주행하고 있을 때는 속도의 변화가 0이므로 가속

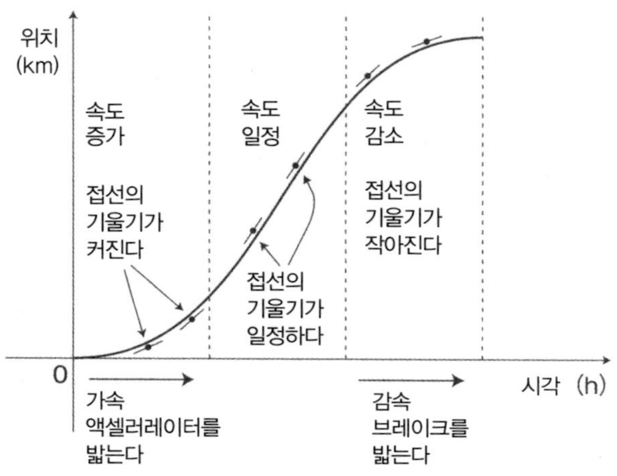

위치-시각 그래프 2

도도 0이 된다. 그리고 감속하면 차츰 접선의 기울기가 작아진다.

이러한 접선의 기울기(조금 어려운 말로 말하면 '순간 속도 변화와 순간 시간의 비')를 가속도라고 한다. 이것은 다시 말해 시간과 속도라는 2개의 양이 변화한 것에 대한 미분이다. 이것은 학창 시절에 누구나 한 번쯤 들어 본 뉴턴의 운동법칙과 관계가 있다.

17세기 영국의 과학자 뉴턴(Isaac Newton, 1643~1727)은 물체, 특히 천체의 운동을 연구해 이른바 뉴턴의 운동법칙이라고 불리는 3가지 법칙을 발견했다.

뉴턴의 운동법칙

제1법칙 관성의 법칙

물체에 힘이 더해지지 않으면 그 운동은 변화하지 않는다.

제2법칙 운동의 법칙

물체에 작용하는 힘은 그 질량과 더해지는 가속도에 비례한다.

제3법칙 작용·반작용의 법칙

2개의 물체 사이에 작용하는 힘은 크기가 같고 방향이 반대다.

이 3가지 법칙 가운데 갑자기 가속했을 때 느끼는 힘과 관계가 있는 것은 무엇일까? 제2법칙인 운동의 법칙이다.

속도는 위치를 미분한 것이다. 한편 가속도는 속도의 미분이다. 즉 가속도는 위치를 두 번 미분한 것이다. 간단히 말해 속도(위치의 미분)는 속도계를 보거나 창 밖 풍경을 보면 알 수 있다.

그리고 가속도는 '체감하는 힘'에서 알 수 있다. 그래서 짧은 시간에 갑자기 속도를 높이거나 낮추면 속도 변화가 클수록 몸이 느끼는 힘도 커진다. 그 이유는 몸이 느끼는 힘이 가속도와 질량에 비례하기 때문이다.

적분은 변화를 합계한 것이다

이제 적분으로 넘어가자. 여기서는 감각으로 알 수 있는 부분만을 다루기로 한다. 미분은 속도와 가속도라고 하는 순간의 양을 말한다. 그리고 적분은 그 순간의 양을 합계한 것이다.

지금까지 이야기한 자동차의 예를 들어 설명하면, 자동차가 움직이거나 멈추면서 시시각각 변화한 속도를 합계한 양, 즉 이동 거리가 적분이다.

예를 들어 집에서 근처의 온천까지 차를 타고 간다고 하자. 막히는 곳에서는 느릿느릿하게 가고 시원하게 뚫린 길에서는 빠르게 달려 집에서 80킬로미터 떨어져 있는 온천에 도착했다고 가정하자. 이때 집에서 목적지까지의 이동 거리 80킬로미터가 적분이다.

이동 거리는 속도에 시간을 곱한 것이라고 배운 기억이 있을 것이다. 사실은 이때의 이동 거리도 적분이다. 단, 속도가 일정한 경우에 한정된 적분 계산이다. 속도에 시간을 곱한 값이 이동 거리라는 공식에는 속도가 일정하다는 전제 조건이 붙기 때문이다.

속도가 시시각각 변화하는 경우의 적분 계산은 순간 속도에 순간 시간을 곱해서 순간 이동 거리를 구하는 것이다.

그러면 지금까지와 마찬가지로 그래프를 통해 좀 더 자세히 알아보자.

이 그림에서 그래프는 액셀러레이터를 밟아 가속하고 있을 때 오른쪽

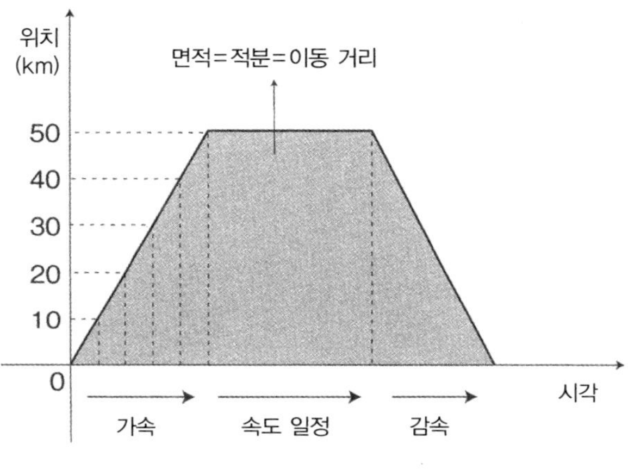

속도−시각 그래프

으로 기울어지는 직선을 그린다. 그리고 시속 50킬로미터가 되었을 때부터 속도를 일정하게 유지하며 주행하다가 브레이크를 밟아 감속하는 모습을 보여 주고 있다. 검은 부분의 면적이 이동 거리에 해당한다.

적분을 설명하는 그래프는 원래 이보다 훨씬 복잡하다. 하지만 이 이상의 설명은 수학을 어려워하는 사람들에게 혼란을 줄 우려가 있으므로, 그래프에 대한 이야기는 이쯤에서 마무리하고자 한다. 여기에서는 적분이 이런 것이었구나 하는 정도의 개념만 익히기 바란다.

지금까지 차를 타고 드라이브를 즐기며 미적분에 대해 생각해 보았다. 이제 어느 정도 미적분의 개념은 파악했을 것이다.

다시 한 번 정리해 보자. '순간'을 생각하는 것이 미분이다. 그래서 속

도와 가속도는 미분이라는 분야에 속한다. 그리고 목적지에 도착했을 때의 차의 거리계가 가리키는 값, 이것이 적분이다.

많은 사람이 등하교 때나 출퇴근 때 차를 타고 다닌다. 이처럼 미분과 적분을 생각할 수 있는 절호의 기회가 우리 일상에 존재하고 있다는 것을 잊지 말자.

🧩 비행기로 미분과 적분을 이해하자

이번에는 하늘을 나는 비행기에 탔다고 가정하고 미적분을 생각해 보자. 우선 아직 GPS가 없던 시대에 비행기는 어떻게 해서 비행 거리를 파악했는지 생각해 보자.

자동차라면 타이어의 회전수로 이동 거리를 알아낼 수 있을지도 모른다. 그러나 하늘을 나는 비행기라면 이야기가 다르다. 그럴 만한 수단이 없다.

앞에서 이동 거리는 속도와 걸린 시간을 곱한 것이라고 설명했다. 시시각각 변화하는 경우에는 적분하면 된다.

여객기도 자동차와 마찬가지로 속도에서 시간을 계산하면 될 것 같지만 안타깝게도 그것은 불가능하다. 여객기는 속도를 정확히 계측할 수 없는 숙명을 타고났기 때문이다.

전투기 앞머리에 붙어 있는 뾰족한 막대기를 혹시 본 적이 있는가. 발명자의 이름을 따서 피토관(Pitot tube)[33]이라고 불리는 그것이 사실은 전투기의 속도계다. 관 속에는 액체가 들어 있다. 비행 중에 이 액체가 얼마나 압력을 받는지를 측정해서 속도를 잰다.

---

33) 관 속의 유체(액체와 기체를 함께 이르는 용어, fluid)의 흐름의 총압과 정압을 측정해 그 압력 차로 유속을 구하는 장치. 측정할 때 유체가 흐르는 속도와 압력, 높이의 관계를 수량적으로 나타낸 베르누이의 정리를 이용한다.

여객기도 전투기처럼 피토관을 사용해 속도를 구하기만 한다면 '속도 ×시간=거리' 공식으로 이동 거리를 구할 수 있다고 생각하는 사람이 있을 것이다. 그러나 여객기는 이러한 방법을 쓰지 않는다. 사실 이 방식은 그다지 정확하지 않다.

피토관을 이용해 속도를 측정하는 방법으로는 공기에 대한 비행기의 이동 속도는 알 수 있지만 지상에 대한 비행기의 속도는 알 수 없기 때문이다. 그래서 생각해 낸 것이 미적분을 사용한 방법이다.

🧩 수학과 물리학

앞에서 배운 내용을 여기서 복습해 보자.

위치, 속도, 가속도는 다음과 같은 관계에 있다.

위치 → (미분) → 속도 → (미분) → 가속도

이 관계는 이렇게 바꿀 수 있다.

가속도 → (적분) → 속도 → (적분) → 위치

요컨대 가속도를 알면 가속도를 두 번 적분함으로써 위치를 알 수 있다. 우리가 알려는 것은 위치다. 이것을 알려면 어떻게 해야 할까? 속도를 미분하면 가속도는 간단히 구할 수 있다. 그러나 우리는 아직 속도의 정확한 수치를 측정하지 못했다.

여기서 다시 뉴턴의 공식을 이용한다. 이 공식은 뉴턴의 운동방정식이라고 불린다.

뉴턴의 운동방정식

$$F=ma$$

※ F : 힘, m : 질량, a : 가속도

이 공식에 따르면 힘은 질량과 가속도에 비례한다. 가속도를 구하려면 다음과 같이 식을 변환하면 된다.

$$a = \frac{F}{m}$$

사실은 힘 F는 비행기 위에서도 알 수 있다. 옛날 비행기에는 자이로컴퍼스(gyrocompass)라는 회전팽이가 장착되어 있었다. 이 자이로컴퍼스에는 회전하는 축이 항상 일정한 방향을 유지하게 하는 물리법칙이 작용한다. **각운동량보존법칙**(角運動量保存法則)이 그것이다.

회전시킨 자이로컴퍼스에 외부에서 힘을 가하면 원래 상태를 유지하

뉴턴은 위대했다!

려고 하는 힘이 작용한다. 그 힘을 측정하면 삼차원 방향 전부의 가속도 a를 알 수 있다.

그렇게 해서 구한 가속도를 두 번 적분하면 위치를 산출할 수 있다. 조금 복잡하다는 생각이 들지도 모르겠다. 하지만 속도만 알면 이보다 나은 방법은 없다. 정밀도가 높아서 매우 오래 사용해 왔다. 아직 GPS가 없던 시대에 여객기가 안전하게 목적지에 닿을 수 있었던 것도 미적분의 덕분이다.

처음에 뉴턴이 미적분의 발상을 포착할 수 있었던 계기는 운동법칙과 마찬가지로 천체의 운동이었다. 운동과 미분과 적분의 관계를 포함한 수학의 발달은 특히 물리학의 발전에 많은 공헌을 했다.

이처럼 미적분은 우리 현실과 밀접하게 연결되어 있다.

인류의 지성,
수학을 말하다

- 천문학은 수학의 도움으로 발전할 수 있었다.

　　　　　　　　　　　　– 프리드리히 엥겔스(독일 철학자)

- 수학은 보편적으로 의심할 여지가 없는 기술이다.

　　　　　　　　　　　　– 애덤 스미스(영국 경제학자)

- 순수수학은 순수이성만이 사용된 인식의 실재성에 대한 유효한 증명으로서 유용하다.

　　　　　　　　　　　　– 임마누엘 칸트(독일 철학자)

- 수학의 발전과 완성은 국가의 부와 밀접하게 연결되어 있다.

　　　　　　　　　　　　– 나폴레옹 보나파르트(프랑스 군인, 정치가, 황제)

- 수학에서 정확함 그 자체보다 정확한 것은 있을 수 없다. 그리고 그 정확함은 정신적인 진리 감각의 결과다.

　　　　　　　　　　　　– 요한 볼프강 폰 괴테(독일 작가)

- 만약 수학에 아름다움이 없었더라면 수학 자체도 탄생하지 않았을 것이다. 가장 위대한 천재들을 이 난해한 학문으로 끌어들인 데에는 아름다움 외에 어떤 힘이 있을 수 있겠는가.

　　　　　　　　　　　　– 표트르 차이코프스키(러시아 음악가)

- 현대 수학은 미래의 언어다.

　　　　　　　　　　　　– 반 후트(벨기에 수학자)

9

태초의 이야기를 상상해 보자

　지금까지 일상생활에 수학이 얼마나 도움이 되었는지 알아보았다. 얼핏 보기에는 별로 쓸모가 없을 것 같지만 실제로 수학은 우리 생활의 많은 부분을 지탱하고 있다. 잘 생각해 보면 수학 자체가 인류의 거대한 발견이었다.

　인류가 수학을 발견한 첫 계기는 과연 무엇이었을까? 지금으로부터 수만 년 전, 아직 인류의 4대 문명[34]이 태동하기 훨씬 전인 원시시대에 지구 어디에선가 수가 탄생한 순간을 상상해 보자. 원시시대로 시선을 돌리면 인류에게 숫자를 세는 일이 얼마나 중요했는지, 어떻게 수학이 발전했는지 다소나마 실마리를 잡을 수 있을 것이다. 그러면 지금부터 함께 상상 속으로 여행을 떠나 보자.

　세월은 흘러 무리를 이루는 인구가 점차 늘어났다. 인구가 늘어나자 식량을 확보하는 일이 문제가 되었다. 이 추세대로라면 매머드를 포획하는 수를 늘려야만 한다. 앞으로 얼마나 더 사냥해야 할까?

　이 문제를 해결하기 위해 인간은 우선 사냥감의 숫자를 세기로 했다.

　먼저 한 가지 일러둘 말은, 이러한 나의 상상에는 전제 조건이 있다는 것이다. 나는 인류가 이 세상에서 살아가기 위해 항상 '숫자를 세어 왔

---

34) 이집트, 메소포타미아, 인더스, 황하문명은 큰 강을 중심으로 발달한 고대문명이라는 공통점이 있다.

다.'는 점을 전제로 하고 있다. 세상 모든 어머니가 자연스럽게 가계부를 쓰듯 인류는 자연스럽게 숫자를 세었다고 가정한다. 인간이 본래 지니고 있는 본질이라고 해도 무방하다.

그러면 이러한 원시시대에 인류는 숫자를 센 후 어떤 식으로 진화해 갔을까? 여기서 좀 더 상상의 날개를 펼쳐 보자.

기록의 시작

　처음에는 손가락을 꼽아 가며 숫자를 세었을 것이다. 그러다가 곧 인류는 손가락으로는 부족하다는 사실을 깨닫고 손가락을 대신할 무언가를 찾기 시작했을 것이다.

　나는 이 시점에서 인류가 '숫자를 세기만 하는' 상태에서 '기록하는' 상태로 진화하기 시작했다고 본다.

　마을의 인구가 늘었다. 아무래도 지금보다 더 많은 매머드를 사냥하지 않으면 누군가는 굶어 죽고 말 것이라는 불안이 싹튼다. 지금까지는 몇 마리를 잡았고 앞으로는 몇 마리를 잡을 수 있을까. 원시시대의 인간은 숫자를 세며 생각했다.

　예를 들어 직장인이 '이번 달 월급이 이 정도니 내년에는 얼마를 받을 수 있겠다.'고 월급을 세며 생각하는 것과 같은 상황이라고 상상해도 무방하지 않을까.

　이렇게 되면 아무래도 실적을 기록할 필요가 있다. 숫자 세기를 익힌 인류는 거기서 한 걸음 나아가 과거에 매머드를 얼마나 사냥했는지 기록해서 장래에 대비했다. 또 태양이 동쪽에서 몇 번 떠오르는지 세어 달력도 만들었을지 모른다.

　돌멩이나 동물의 뼈로 땅이나 벽에 그날 사냥한 매머드 수를, 예컨대 우리가 흔히 수를 표시할 때 '正' 자를 쓰듯 문자로 새겼을 것이다.

집계의 시작

포획한 매머드의 수도 점점 늘었다. 그러자 다른 문제가 생겼다.

문자로 계속 숫자를 표기하는 것이 점점 불편해졌을 것이다. 예컨대 수를 표시할 때 '正' 자를 썼다고 하자. 물론 실제로 썼을 리는 없다. 어디까지나 상상 속의 이야기다.

매머드가 100마리 잡혔다. 그러면 '正' 자를 20개나 써야 한다. 마릿수가 점점 커져 1,000마리를 잡으면 어떻게 될까? 생각만으로도 아찔하다.

자, 그러면 어떻게 해야 할까? 나는 이 시점에서 인류가 집계를 발견했다고 생각한다.

사전에 실린 집계의 정의를 보면 '이미 한 계산을 한데 모아 합계하는 것'이라고 되어 있다. 즉, 몇 개 집단으로 나누어 사냥한 매머드의 수를 계산하고 그것을 합산하는 것이다.

인류의 역사를 돌이켜 보더라도 공동체를 유지하고 발전시켜 나갈 때 고도의 집계 능력이 뒤따르는 것은 우연이 아니었다. 빠르고 편리하게 집계해야만 했다. 그리고 이 집계는 공동체의 근간이 수렵에서 농경으로 옮겨 가면서 한결 복잡해졌다.

올해 수확량이 얼마이고 현재 저장량이 얼마이며 앞으로 필요하리라 예상되는 수확량은 얼마인지, 생각해야 할 요소가 늘어만 갔다. 달력도 작성해야 했고 토지 면적도 재야 했으며 인구의 수도 파악해야 했다.

이와 같이 식량을 기준으로 생각해 보면, 공동체의 규모가 커짐에 따라 인류가 단순히 '수를 세는' 일을 '기록하는' 일과 '집계하는' 일로 발전시켜 왔다는 점을 능히 짐작할 수 있을 것이다. 어떻게 보더라도 수를 세는 행위가 인류의 본질에 속한다는 점만은 틀림없는 사실이다.

이처럼 상상의 날개를 조금만 펼쳐도 수학은 한결 흥미롭다. 좀 더 멀리 여행을 떠나 보자. 이번 여행의 주제는 '수와 숫자는 어떻게 발견했을까?'다.

이제부터 여행을 떠나는 곳은 인구가 꾸준히 늘고 있고 잡히는 매머드의 마릿수가 안정적인 어느 마을이다. 이 마을에서는 조만간 가장 뛰어난 매머드 사냥꾼을 뽑는 대회가 열린다.

✹ 매머드 사냥꾼 대회

이 대회는 일주일 동안의 사냥 결과를 보고 가장 뛰어난 사냥꾼을 뽑는 것이었다. 대회를 앞두고 마을에서는 판단 기준을 정하는 회의를 개최했다.

크기가 다른 매머드를 똑같이 한 마리로 세는 것은 공평하지 않다는 의견이 우세해, 최종적으로는 매머드의 무게를 재서 집계하여 우열을 가리기로 했다.

이렇게 되자 이번에는 매머드의 무게를 재는 방법이 문제가 되었다. 그래서 토의한 끝에 나무로 저울을 만들어 한쪽에는 매머드를, 다른 한쪽에는 돌을 올려놓아 재기로 했다. 모두 힘을 합쳐 저울추로 쓰기에 적

당한 돌을 모았다. 드디어 가장 뛰어난 사냥꾼을 뽑는 대회가 시작되었다. 마을 남자들은 잡아 온 매머드를 매일 집계 담당자에게 가지고 갔다. 경쟁 규칙을 정하자 남자들은 한층 열심히 사냥에 나섰다.

무게를 재는 장비까지 갖추고 의욕적으로 대회를 시작했지만 곧 새로운 문제가 닥쳤다. 집계에 걸리는 시간이 너무 길었던 것이다. 집계 시간이 길어지는 바람에 남자들은 해가 저물도록 밖에서 기다려야만 했다. 이런 귀찮은 경쟁 따위는 하지 않는 편이 나았다고 마을 전체에서 불만이 쏟아졌다.

그래서 문제를 해결하기 위해 회의가 열렸다.

집계 담당자는 저울에 돌을 올려 가며 매머드의 무게를 재는 일은 익숙해지면 문제가 없다고 했다.

문제는 그다음이었다. 돌의 개수가 너무 많아 그 개수를 어떻게 세면 좋을지, 그리고 센다고 한들 그것을 어떻게 새길 것인지 아는 사람이 없었다.

이 마을에서는 손가락을 하나씩 꼽아 가며 수를 기록했는데 한 번 꼽을 때마다 ‘ | ’을 석판에 돌로 새기고, 수가 많을 때는 다섯 번마다 ‘ㅡ’를 새겼다. 예컨대 ‘ㅡㅡㅡㅡ | | | | ’은 23을 의미한다.

이런 방법으로 100이 넘는 수를 새긴다고 생각해 보자. ‘ㅡㅡㅡㅡ …… ㅡㅡㅡㅡ’처럼 옆으로 길어질 수밖에 없다. 이래서야 석판이 금세 ‘ㅡ’와 ‘ | ’로 뒤덮이고 말 것이다. 간신히 새겨 넣은들 제대로 읽어 낼 수가 없다.

문제 처리에 고심하는 사이에도 시간은 어김없이 흘렀다. 온 마을이 기대하던 대회가 무산될 지경에 처했다.

그런데 이 마을에는 발이 느리고 힘도 없는 데다 눈까지 나쁜 남자들이 살고 있었다. 그들은 체력이 약한 탓에 항상 주눅이 들어 있었다. 사냥 능력이 뛰어나야 인정받는 사회였기 때문이다.

이 약한 남자들이 한데 모여 머리를 맞대고 지혜를 짜내기 시작했다. 그리고 마침내 새로운 셈법과 수를 표시할 새로운 문자를 고안했다. 사용하기에도 편리하고 새기기에도 간단한 방법이었다.

수를 세는 기본은 손가락에서 출발했다. 물건 개수나 순서를 셀 때는 손가락으로 가리키며 센다.

그들이 고안한 방법은 다음과 같다.

왼손 집게손가락부터 가운뎃손가락, 약손가락, 새끼손가락, 엄지손가락 순으로 이름을 붙인다. 오른손도 마찬가지로 이름을 붙인다. 이때 이름은 서로 다른 것을 붙인다.

알기 쉽게 왼손의 손가락 이름을 순서대로 '목, 화, 토, 금, 수'라고 생각하고 오른손의 손가락은 '청, 적, 황, 백, 흑'이라고 생각했다고 하자. 집게손가락, 즉 첫 번째를 의미하는 '목'이라는 문자가 만들어졌다. 그들은 지금까지 없던 문자를 발음과 함께 만든 것이다.

각각의 손가락이 각각의 수를 가리킨다.

10개의 수가 탄생한 순간이다.

이렇게 해서 수를 나타내는 문자, 숫자가 탄생한 것은 아니었을까?

이것으로 문제가 다 해결된 것은 아니었다. 10개의 문자, 즉 숫자를 사용해서 많은 돌을 어디까지 셀 수 있으며 어디까지 새길 수 있을까? 여기서 그들이 처음 생각한 셈법을 정리해 보자.

왼손의 집게손가락을 기준으로 삼아 가운뎃손가락, 약손가락, 새끼손가락, 엄지손가락, 오른손의 집게손가락, 가운뎃손가락, 약손가락, 새끼손가락, 엄지손가락을 순서대로

목, 화, 토, 금, 수, 청, 적, 황, 백, 흑

이라고 이름 붙였다.

즉 지금으로 보자면 1, 2, 3, 4, 5, 6, 7, 8, 9, 10에 해당한다.

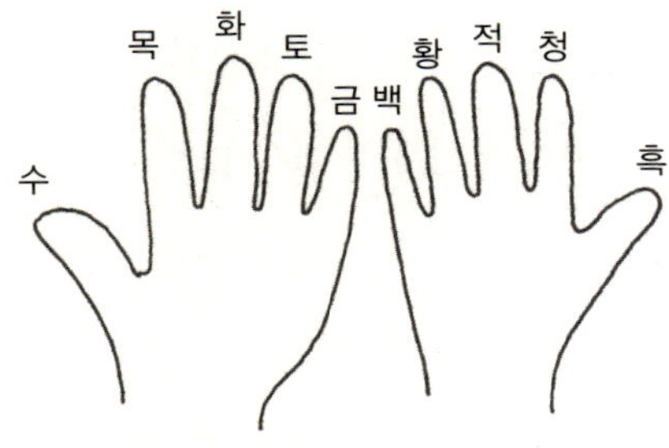

지금까지 썼던 셈법으로 ‘－－－(15)’ 인 경우는 어떻게 될까?

처음의 ‘－－(10)’ 은 ‘목, 화, 토, 금, 수, 청, 적, 황, 백, 흑’ 으로 세어 간다. 다음의 ‘－(5)’ 는 ‘목목, 목화, 목토, 목금, 목수’ 로 센다.

수로 표현하는 방법을 착안해 낸 것이다. 그럼 ‘목황’ 이 나타내는 수는 얼마일까. 정답은 18이다.

그들은 새로운 방법을 마을 사람들 앞에서 발표하기로 했다. 발표자로 나선 남자는 새로운 방법이 지닌 장점 2가지를 역설했다.

① 많은 돌을 예전보다 더 빠르게 셀 수 있다.

② 결과를 석판에 새길 때 공간을 많이 차지하지 않는다.

한자리에 모인 마을 사람들이 차츰 그들의 말에 귀를 기울이고 있을 무렵이었다. 한 여자가 질문을 던졌다.

“－－－－－(20)은 어떻게 쓸 수 있지요?”

발표자가 대답했다.

“목, 화, 토 …… 목황, 목백, 목흑이 되니까 목흑이군요.”

여자는 고개를 갸웃거리며 연이어 질문했다.

“그럼, －－－－－－－－－－－－－－－－－－－－－(100) 은요?”

남자는 하나하나 짚어 가며 대답했다.

“목, 화, 토, 금, 수, 청, 적, 황, 백, 흑, 목목, 목화 …… 백청, 백적, 백황,

백백, 백흑. 답은 백흑입니다."

질문한 여자는 여전히 수긍하지 못하는 듯했다. 여자는 무엇 때문에 혼란을 느낀 것일까. 이쯤에서 알아차린 사람이 있을지도 모르겠다. 훗날 이 여성은 놀랄 만한 발견을 했다.

✤ 0(영)의 발견

사냥을 하는 남자들은 새로운 방식에 익숙해졌다. 마을 사람들 사이에서도 누가 1등이 되느냐가 제일 큰 관심사로 떠올랐다.

"옆집 남편은 지금까지 '목백(19)' 마리 잡았대요."라는 대화가 동굴집 저녁 시간에 오갔을지도 모른다.

이처럼 경쟁은 다시 활기를 띠었다. 새로운 셈법을 찾아낸 덕분이었다. 새 셈법을 고안한 사람들은 마을 사람들에게 존경을 받았다.

드디어 대회 마지막 날, 집계 결과가 발표되었다. 그날그날 잡은 것의 무게를 나타내는 돌의 수가 사냥꾼마다 새겨져 있었다. 그것을 집계해 경쟁하는 것이다. 집계 담당자는 사냥꾼 한 사람마다 새겨진 돌의 수를 합계해야 한다.

사냥꾼 가운데 한 사람이 여드레 동안 올린 실적, 즉 돌의 수는 다음과 같았다.

'화, 목, 토, 토, 목, ×, 수, 토'

집계 담당자는 이 숫자 8개의 합계를 구해야 한다. 석판에 새겨진 숫자를 보고 있던 담당자가 고민에 빠졌다. 덧셈을 하려고 했더니 '×' 표시가 눈에 걸렸다. '×' 표시는 하나도 잡지 못했다는 것을 나타낸다. 이것을 어떻게 표현해야 좋을까?

일껏 새로운 숫자가 생겨서 대회가 순조롭게 진행되고 있었는데 마지막에 와서 합계를 낼 수 없다면 아무런 의미가 없다.

그러나 합계하고 싶어도 이 숫자를 사용해 합계를 구하는 방법을 알지 못했다. 숫자를 제안한 사람들에게 물어보았지만 그들도 좀처럼 대답을 내놓지 못했다.

이번에는 모두 함께 합계를 구하는 방법을 생각했다.

예를 들어 이 방식에서는 덧셈이 다음과 같은 형태가 된다.

토+금=적

목, 화, 토, 금, 수, 청, 적

1, 2, 3, 4, 5, 6, 7

목, 화, 토, 금

1, 2, 3, 4

금+백=목토

목, 화, 토, 금, 수, 청, 적, 황, 백, 흑, 목목, 목화, 목토

1, 2, 3, 4, 5, 6, 7, 8, 9, 10, 11,   12,   13

목, 화, 토, 금, 수, 청, 적,   황,   백

1, 2, 3, 4, 5, 6,   7,   8,   9

이 형식에서는 한 자리 수끼리의 덧셈은 가능하다 하더라도 두 자리, 세 자리 수의 덧셈은 매우 번거롭다.

다시 마을 사람들에게 의견을 구하는 공지를 전달했다. 한 여자가 조심스레 의견을 내놓았다. 바로 새로운 셈법이 발표되던 자리에서 머리를 갸웃거리던 여자였다.

여자는 '없음'을 나타내는 숫자가 '목, 화, 토, 금, 수, 청, 적, 황, 백, 흑'에 없다는 것을 깨달았으나 대회 집계 담당자와 마찬가지로 여자도 어쩔 수 없이 'x' 표시를 하고 있었다.

여자는 집에서 키우는 닭이 낳은 달걀의 수를 매일 석판에 기록하고 있었다. 닭이 달걀을 낳지 않는 날도 있었지만 그날은 공란으로 남겨 두고 아무것도 새겨 넣지 않았다.

사실은 여자도 집에서 달걀 수의 합을 계산하려고 했기 때문에 집계 담당자와 똑같이 '×' 문제에 직면했던 것이다.

여자는 '없음'을 나타내는 숫자가 없다는 사실과 덧셈 계산이 번거롭다는 사실이 서로 관계가 있을지도 모른다고 생각했다. 여자는 '없음'을 나타내는 숫자를 '흑'으로 하면 어떻게 될까 생각해 보았다. 즉 다음과 같이 대응한 것이다. 바뀐 부분은 '흑'으로 '없음'을 나타낸 것밖에 없다.

흑, 목, 화, 토, 금, 수, 청, 적, 황, 백

0,　1,　2,　3,　4,　5,　6,　7,　8,　9

이 방법으로 하면 옛날의 '——││(12)'는

목, 화, 토, 금, 수, 청, 적, 황, 백, 목흑, 목목, 목화

1,　2,　3,　4,　5,　6,　7,　8,　9,　10,　11,　12

로 세어 '목화'가 된다.

이 새로운 셈법에서는 다음과 같이 계산된다.

토+금=적

3 + 4 =7

목, 화, 토, 금, 수, 청, 적

1, 2, 3, 4, 5, 6, 7

목, 화, 토, 금

1, 2, 3, 4

금+백=목토

4 + 9 =13

목, 화, 토, 금, 수, 청, 적, 황, 백, 목흑, 목목, 목화, 목토

1, 2, 3, 4, 5, 6, 7, 8, 9, 10, 11, 12, 13

목, 화, 토, 금, 수, 청, 적, 황, 백

1, 2, 3, 4, 5, 6,   7,   8,   9

	금수	45
+)	백수	+) 95
	목흑	10
	목토	13
	목금흑	140

이전까지는 10을 '흑'으로 했지만, 이 방법에서는 '목흑'으로 한다. 20 이면 '목흑'이 '화흑'이 된다.

이 '흑'을 '없음'이라는 특별한 수를 나타내는 숫자로 한다는 사실에 는 어떤 의미가 담겨 있을까?

수를 세는 방법을 기수법(記數法)이라고 한다. 기수법은 기본이 되는 수를 몇 개 준비하느냐에 따라 규칙이 바뀐다.

이 마을에서 먼저 생겨난 기수법, 즉

목, 화, 토, 금 …… 백, 흑, 목목 …… 목백, 목흑
1, 2, 3, 4 …… 9, 10, 11 …… 19,   20

은 0, 10, 20, 30 …… 부분 이외에는 정확했다. 사실은 '×'를 나타내는 숫자 없이 이대로여도 틀린 것은 아니다. '흑'이 10을 나타냄으로써 10의 배수인 수만 십진법과 다를 뿐이다. 다음의 수열을 보자.

백백, 백흑, 흑목, 흑화 …… 흑흑, 목목목
99,   100, 101, 102 …… 110, 111

이처럼 목 → 화 → 토 → 금 → …… → 백 → 흑 → 목 → 화 → …… 로 반복되는 규칙은 십진법의 자릿수 규칙과 같다. 그러나 10의 배수만큼은 본래 십진법의 표기와 달라지고 만다. '백흑'은 10의 자리가 '백' 개, 1의 자리가 '흑' 개로 $10 \times 9 + 1 \times 10 = 100$을 나타낸다. 또 '백흑흑'이라면 100의 자리가 '백' 개, 10의 자리가 '흑' 개, 1의 자리가 '흑' 개로 $100 \times 9 + 10 \times 10 + 1 \times 10 = 1010$을 나타낸다.

여자는 '없음'을 나타내는 숫자가 없다는 사실에서 뭔가 이상하다고

느꼈다. 그리고 '없음' 을 '흑' 으로 나타내면 10의 배수 부분만 표기가
달라질 뿐 아무런 문제가 없다는 것을 깨달은 것이다. '백' → '목흑' 이라
고 자릿수를 올리면 되는 것이다. 즉 표기법은 다음과 같다.

흑, 목, 화, 토, 금 …… 백, 목흑, 목목 …… 화흑, 백백, 목흑흑
0, 1, 2, 3, 4 …… 9, 10, 11 …… 20, 99, 100

이것이 우리가 알고 있는 본래의 십진법이다. '목' 에서 '흑' 까지 10개
의 수를 사용해 모든 수를 나타내는 표기법이다.
　여자의 제안을 사람들은 수월하게 받아들였다. 1에서 9는 여전히 '목'
에서 '백' 으로 예전과 달라지지 않았기 때문이다.

‘없음’ 을 ‘혹’ 으로 나타내는 새로운 셈법이 마을의 기수법으로 결정되었다. 우승자를 가려낼 수 있게 되자 대회는 성공적으로 막을 내렸다.

또한 생활에 등장하는 모든 수는 이 기수법으로 통일되었다. 매머드 무게를 재는 기준이 되었던 돌은 모든 무게의 단위로서 이후에도 계속 사용되었다. 이러한 경험에서 길이에 대한 기준 단위도 고안할 수 있었다.

숫자를 발명하고 무게와 길이의 단위를 결정하자 이 마을 사람들은 정확하고 신속하게 양을 다룰 수 있었다. 그 수를 사용한 집계(덧셈)도 가능해졌다.

해마다 열리는 매머드 사냥 대회의 집계 결과를 축적해 마을의 식량 계획과 매머드 최적 포획 수를 산출하는 자료로 삼았다.

이렇게 해서 이 마을은 오래도록 번영을 누렸다.

🧩 수학의 중요성

지금까지 '수(數)'와 '0'이 어떻게 탄생했는지 추측을 곁들여 가며 내 나름대로 생각해 보았다. 실제로 0이 태어난 곳은 인도다. 어쩌면 인도에서는 나의 상상과 거의 동일한 과정을 거쳤을지도 모른다.

이제 상상 속의 여행은 끝났다. 저 먼 옛날 우리의 조상이 수를 발명했다는 것은 물론 지어낸 이야기가 아니다. 수는 소리를 내지 않는다. 그러나 우리는 말을 건네거나 장난을 치면서 혹은 의지하면서 수와 점점 친해질 수 있다.

우리는 아라비아숫자(0, 1, 2, 3, 4, 5, 6, 7, 8, 9)를 사용하는 십진수 기수법이 있는 세상에서 살고 있다. 무게, 길이, 시간의 단위도 갖추고 있어 아무런 불편도 없는 행복한 시대에 살고 있다. 그리고 그 숫자를 자유롭게 다루고, 그것으로 이런저런 판단을 내리면서 살아가고 있다.

진실로 수는 인류의 발전과 더불어 만들어진 존재다. 또한 우리는 수학의 힘을 빌려 미래의 모습까지 파악할 수 있다.

요즘은 초등학교 수학 교재에도 수학의 발생이나 계산의 필요성을 설명하는 부분이 등장한다. 수학은 '수'의 보편적인 진리나 법칙을 찾기 위해 체계적인 지식을 쌓아 가는 학문이다. 학문이라고 하면 어렵게 들릴지 모르겠지만 실제로는 그렇지 않다. 수는 우리가 미처 깨닫지 못한 깊숙한 곳에서 혹은 아주 가까운 곳에서 우리와 연결되어 있다.

인류는 수를 발명하고 그 수로 다양한 것을 잴 수 있었다. 그 덕분에 우리는 많은 것을 얻었다. 그중 으뜸가는 것이 시간일지도 모른다. 왜냐하면 수를 계산함으로써 과거와 미래를 짐작하는 기술을 손에 넣을 수 있었기 때문이다.

수학이라는 언어를 통해 바라보면 우리 주변의 풍경은 지금까지와 다르게 보인다.

수학의 유래를 알고자 하는 시도, 그것은 지금보다 조금 앞선 세상의 풍경을 미리 보고 있던 수학자들의 도전을 깨닫는 여행이기도 하다.

수학이 있는 풍경

이 책을 읽고 나서 평소 수학에 대해 품고 있던 생각이나 견해가 바뀐 사람도 있을 것이다. 특히 수학을 싫어했던 사람이라면 변화의 폭이 한결 클 듯하다. 이 책을 읽은 독자가 수학의 힘, 수학이 머무는 곳을 알게 된다면 더 바랄 것이 없다.

다양한 수학의 풍경을 보면서 독자마다 다른 생각을 했을 것이다. 같은 수식을 바라보더라도 받아들이는 느낌은 제각각인 법이다.

수학의 답은 하나라고들 하지만 나는 그렇게 생각하지 않는다. 하나의 수식에 이르는 과정, 해석의 방법, 응용의 방법 등 이 모든 것이 십인십색이다.

오늘날, 논리적 귀결에 따르면 결과는 하나이므로 수학의 답도 전부 하나라고 하는 분위기가 어딘가에서 만들어지고 있다. 그러나 그것은 슬퍼해야 마땅한 일이다.

누가 하더라도 한 가지 답만 나온다면 수학은 남보다 계산이 빠른 사람만이 하면 되는, 그렇지 않은 사람은 하지 않아야 하는 것이 되고 만다.

이 책에 등장하는 수학의 풍경에서 우리는 우리의 선조들이 저마다 다른 시대, 다른 곳에서 수학을 능숙하게 사용해 왔다는 것을 알았다.

확실히 수학과 친해지기란 쉬운 일이 아니다. 쉼 없는 노력이 필요하다. 그러나 현대를 사는 사람이라면 마땅히 수학과 친하게 지내야 한다. 그리고 그것이 가능하다는 믿음과 용기, 희망을 가져야 한다.

한 사람 한 사람이 저마다 자유롭게 수학과 어울릴 수 있다면 얼마나 멋진 일인가.

수학은 우리가 상상하는 것보다 훨씬 많은 곳에서 세상을 떠받쳐 주고 있다. 또한 수학은 앞으로도 반드시 우리를 새로운 세계로 데려다 줄 것이다. 수학이 안내하는 새로운 세계에서 어떤 흥미로운 풍경과 조우할 수 있을지 벌써부터 가슴이 두근거린다.

참고 문헌

『이와나미 수학입문사전(岩波數學入門辭典)』, 岩波書店

『일반상대성이론입문(一般相對性理論入門)』, Edwin F. Taylor & John Archibald Wheeler 지음, 마키노 노부요시(牧野伸義) 옮김, Pearson Education Japan

『만물의 척도를 구해—미터법을 정한 자오선 대계측(万物の尺度を求めて—メートル法を定めた子午線大計測)』, Ken Alder 지음, 요시다 미치요(吉田三知世) 옮김, 早川書房

『황금비와 피보나치수(黃金比とフィボナッチ數)』, Richard A. Dunlap 지음, 이와나가 야스오(岩永恭雄), 마쓰이 고스케(松井講介) 옮김, 日本評論社

『세키 다카카즈—에도의 세계적 수학자의 족적과 위업(關孝和—江戸の世界的數學者の足跡と偉業)』, 시모다이라 가즈오(下平和夫) 지음, 研成社

『오일러 입문(オイラー入門)』, William Dunham 지음, 구로가와 노부시게(黑川信重), 이시카와 마사오(若山正人), 모모타니 데쓰야(百ク谷哲也) 옮김, シュプリンガーフェアラーク東京

『라마누잔 서간집(ラマヌジャン書簡集)』, Bruce C. Berndt, Robert A. Rankin 공저, 호소카와 히로시(細川尋史) 옮김, シュプリンガーフェアラーク東京

『천재들이 사랑한 아름다운 수식(天才たちが愛した美しい數式)』, 사쿠라이 스스무(櫻井進) 지음, 나카무라 기사쿠(中村義作) 감수, PHP研究所

일상생활 속에 숨어 있는 수학

펴낸날	초판 1쇄 2010년 10월 1일
	초판 8쇄 2021년 8월 10일

지은이	사쿠라이 스스무
옮긴이	전선영
펴낸이	심만수
펴낸곳	(주)살림출판사
출판등록	1989년 11월 1일 제9-210호

주소	경기도 파주시 광인사길 30
전화	031-955-1350 팩스 031-624-1356
홈페이지	http://www.sallimbooks.com
이메일	book@sallimbooks.com

ISBN	978-89-522-1511-6 43410

살림Friends는 (주)살림출판사의 청소년 브랜드입니다.

※ 값은 뒤표지에 있습니다.
※ 잘못 만들어진 책은 구입하신 서점에서 바꾸어 드립니다.